人民防空工程设计百问百答丛书暨人防工程技术人员培训教材
总 顾 问　钱七虎
总 主 编　郭春信　王晋生
副总主编　陈力新
总 主 审　李刻铭

人民防空工程防化设计百问百答

韩　浩　徐　敏　主　编
史喜成　朱传珍　高学先　主　审

中国建筑工业出版社

图书在版编目（CIP）数据

人民防空工程防化设计百问百答/韩浩，徐敏主编.—北京：中国建筑工业出版社，2022.10

人民防空工程设计百问百答丛书暨人防工程技术人员培训教材/郭春信，王晋生总主编

ISBN 978-7-112-27831-2

Ⅰ.①人… Ⅱ.①韩…②徐… Ⅲ.①人防地下建筑物—化学防护—建筑设计—问题解答 Ⅳ.①TU927-44

中国版本图书馆CIP数据核字（2022）第174834号

责任编辑：齐庆梅
文字编辑：白天宁
责任校对：张辰双

人民防空工程设计百问百答丛书暨人防工程技术人员培训教材
总 顾 问 钱七虎
总 主 编 郭春信 王晋生
副总主编 陈力新
总 主 审 李刻铭
人民防空工程防化设计百问百答
韩 浩 徐 敏 主 编
史喜成 朱传珍 高学先 主 审
*
中国建筑工业出版社出版、发行（北京海淀三里河路9号）
各地新华书店、建筑书店经销
北京雅盈中佳图文设计公司制版
建工社（河北）印刷有限公司印刷
*
开本：787毫米×1092毫米 1/16 印张：$8\frac{1}{4}$ 字数：184千字
2024年11月第一版 2024年11月第一次印刷
定价：45.00元
ISBN 978-7-112-27831-2
（39572）

版权所有 翻印必究
如有内容及印装质量问题，请与本社读者服务中心联系
电话：（010）58337283 QQ：2885381756
（地址：北京海淀三里河路9号中国建筑工业出版社604室 邮政编码：100037）

《人民防空工程设计百问百答丛书暨人防工程技术人员培训教材》编审委员会

总顾问：钱七虎
总主编：郭春信　王晋生
副总主编：陈力新
总主审：李刻铭

《人民防空工程建筑设计百问百答》
主编：陈力新
副主编：李洪卿　吴吉令
主审：田川平

《人民防空工程结构设计百问百答》
主编：曹继勇　王凤霞　杨向华
主审：张瑞龙　袁正如　柳锦春

《人民防空工程暖通空调设计百问百答》
主编：郭春信　王晋生
主审：李国繁　李宗新

《人民防空工程给水排水设计百问百答》
主编：丁志斌
副主编：张晓蔚　徐　秋
主审：陈宝旭

《人民防空工程电气与智能化设计百问百答》
电气主编：郝建新　徐其威　曾宪恒
智能化主编：王双庆　王　川
主审：葛洪元

《人民防空工程防化设计百问百答》
主编：韩　浩　徐　敏
主审：史喜成　朱传珍　高学先

《人民防空工程通风空调与防化监测设计及实例》
主编：郭春信　王晋生
副主编：陈　瑶
主审：李国繁　徐　敏

《人民防空工程建筑设计及实例》（规划编写中）
《人民防空工程结构设计及实例》（规划编写中）
《人民防空工程给水排水设计及实例》（规划编写中）
《人民防空工程电气与智能化设计及实例》（规划编写中）

参编单位：
陆军工程大学（原解放军理工大学、工程兵工程学院）
军事科学院国防工程研究院
军事科学院防化研究院
陆军防化学院
中国建筑标准设计研究院有限公司
上海市地下空间设计研究总院有限公司
青岛市人防建筑设计研究院有限公司
江苏天益人防工程咨询有限公司
上海结建规划建筑设计有限公司
中拓维设计有限责任公司
南京龙盾智能科技有限公司
山东省人民防空建筑设计院有限责任公司
黑龙江省人防设计研究院
四川省城市建筑设计研究院有限责任公司
上海民防建筑研究设计院有限公司
浙江金盾建设工程施工图审查中心
中建三局集团有限公司人防与地下空间设计院
新疆人防建筑设计院有限责任公司
南京优佳建筑设计有限公司
江苏现代建筑设计有限公司
江西省人防工程设计科研究院有限公司
云南人防建筑设计院有限公司
中信建设有限责任公司
安徽省人防建筑设计研究院
南通市规划设计院有限公司
广西人防设计研究院有限公司
郑州市人防工程设计研究院
成都市人防建筑设计研究院有限公司
中防雅宸规划建筑设计有限公司
南京慧龙城市规划设计有限公司
四川科志人防设备股份有限公司

《人民防空工程防化设计百问百答》
编审人员

主编：韩 浩 徐 敏

编委：

张家毅 朱明辉 游俊琴 王德生 王 丽 武成杰 卢屹东 康 健
刘 超 吕 丽

主审：史喜成 朱传珍 高学先

序

在当前国内外复杂多变的形势下，搞好人民防空各项工作具有重要的战略和现实意义。随着我国国民经济的持续发展，人民防空各项工作与城市经济和社会一同发展，各省区市结合城市建设和地下空间开发利用，建设了一大批人民防空工程。经过几十年不懈努力，各省区市的人均战时掩蔽面积有了较大提高，各类人民防空工程布局更加合理，建设质量明显提高，城市的综合防护能力也有较大提升。

人民防空工程标准、规范为工程建设提供了依据，但从业人员在实际工作中对现行标准、规范的执行和尺度把握仍有较多疑问，这些问题长期困扰从业人员，严重影响了工程质量。整个行业急需系统梳理存在的问题，并经过广泛研究讨论，做出公开、权威性的解答。基于以上情况，2018年底原解放军理工大学郭春信教授和王晋生教授倡议编著这套丛书。该丛书邀请了国内30多家人防专业设计院所的200多名专家组成丛书编审委员会，依托"人防问答"网，全面系统梳理一线从业人员提出的问题，组织专家讨论和解答问题，并在此基础上编著成这套丛书的六个问答分册。同时，把已解决的问题融入现有设计理论体系，配套编著各专业的设计及实例图书，方便设计人员全面系统学习。

这套丛书的特点是：问题来自一线从业人员；回答时尽量给出具体方法并举例示范；解释时能将理论与实际结合起来；配套完整设计方法与实例；使专业人员一看就懂，一看就能用。这是一套不可多得的人防工程建设指导丛书。这套丛书的出版对提高我国人民防空工程建设质量将起到积极的推动作用。

国家最高科学技术奖获得者
中国工程院院士

2021年12月28日

前　言

俄乌冲突爆发、台海局势紧张都表明当前国际形势复杂多变，和平发展随时可能受到战争威胁。在此形势下，搞好人防工程建设具有重要意义。高水平设计是人防工程高质量建设的保证，但由于人防工程及其行业管理体制的特殊性，从业人员在长期设计中积累了许多问题，这给实际工作带来诸多困难，严重影响了人防工程的高质量建设，行业迫切需要全面梳理存在的问题，并做出公开、权威解答。

由于行业需要，2018年底原解放军理工大学郭春信教授和王晋生教授倡议编著《人民防空工程设计百问百答丛书暨人防工程技术人员培训教材》。倡议一经提出，就在行业内得到广泛响应，迅速成立了由陆军工程大学（原解放军理工大学、工程兵工程学院）、军事科学院国防工程研究院、军事科学院防化研究院、陆军防化学院、中国建筑标准设计研究院和各省区市主要人防设计院的200多名专家、专业负责人或技术骨干组成的编审委员会。编审委员会以"人防问答"网为问答交流平台，在行业内广泛收集问题并组织讨论。历时四年，共收集到2400多个问题，4000多个回答。因为动员了全行业参与，所以问题覆盖面广，讨论全面深入，解决了许多疑难问题，澄清了大量模糊认识，就许多问题达成了广泛专业共识，为编写修订相关规范或标准提供了重要参考和建议。编审委员会以此为基础，编著成建筑、结构、暖通空调、给水排水、电气与智能化、防化6个百问百答分册，主要解决各专业的疑难问题。百问百答分册知识点比较分散，为方便技术人员系统学习，本套丛书还增加建筑、结构、通风空调与防化监测、给水排水、电气与智能化各专业的设计及实例图书5册，把百问百答分册解决的问题融合进去，系统阐述应该如何设计并举例示范。这样，本套丛书既有对设计疑难点的深入分析，又有对设计理论和实践的系统阐述，知识体系比较完整，适宜作培训教材使用。本套丛书共计11册，编著工作量很大，目前6本百问百答分册和《人民防空工程通风空调与防化监测设计及实例》已经完稿，此次以上7本同时出版，其他专业设计及实例图书后续出版。

本套丛书主要面向全国人防工程设计、施工图审查、施工、监理、维护管理和质量监督等相关技术人员，是一套实用性和理论性都很强的技术指导书，既可作为工具书，也可作为培训教材，对人防工程科研人员也有一定的参考价值。

本套丛书编写过程中，得到了陆军工程大学校友和"人防问答"网会员的支持，得到了参编单位的大力支持，得到了国家人民防空办公室相关领导的肯定和支持，特别是得到丛书总顾问国家最高科学技术奖获得者、八一勋章获得者、中国工程院院士钱七虎教授的指导和帮助，在此深表感谢！

本书是《人民防空工程防化设计百问百答》分册，主要按如下6个方面对本专业问题进行分类：核生化武器效应，人防工程防化设计常见问题，人防工程建筑的防化要求与设计，人防工程通风的防化要求与设计，人防工程防化报警、监测与控制，人防工程洗消系统设计。本书主要按现行《人民防空工程防化设计规范》《人民防空地下室设计规范》等规范，结合工程实际和基础理论对人防工程防化设计相关问题进行了解答。

由于编者水平有限，错误和疏漏在所难免，广大读者可以登录"人防问答"网或关注"人防问答"微信公众号反馈意见、批评指正。如有新问题也可在该网或公众号上提出，我们将在再版时对本套丛书进行修订和充实。

编者

2022 年 8 月

目 录

第1章 核生化武器效应 001
  1. 什么是人防防化？ 002
  2. 什么是核武器，其未来可能有哪些方面的发展？ 002
  3. 核武器的杀伤破坏作用有哪些？ 004
  4. 什么是核武器的杀伤区？有什么特点？ 005
  5. 核武器杀伤区是指哪些杀伤因素的作用区域？ 006
  6. 核爆炸的冲击波杀伤破坏作用有多大？ 007
  7. 核爆炸的光辐射杀伤破坏作用有多大？ 008
  8. 早期核辐射杀伤破坏作用有多大？ 009
  9. 在核武器杀伤区外核爆炸还会对人员产生哪些伤害？ 010
  10. 核爆炸会造成怎样的放射性沾染？ 010
  11. 什么是化学武器，传统的化学武器有了什么变化？ 013
  12. 化学武器是怎么造成人员杀伤的？ 015
  13. 化学武器的毒性有多大？ 016
  14. 什么是生物武器？生物武器会有什么样的变化？ 017
  15. 生物战主要有哪些危害？ 019

第2章 人防工程防化设计常见问题 023
  2.1 人防核生化防护概述 024
    16. 民众如何防护核武器的袭击及核辐射的伤害？ 024
    17. 民众如何防护化学武器的袭击及化学污染的危害？ 026
    18. 民众对生物武器和传染病防护应关注哪些问题？ 027
  2.2 工程防化原理 029
    19. 什么是人防工程防化？ 029
    20. 人防工程的防化性能包括哪些方面的内容？ 029
    21. 什么是人防工程防化设施？ 030
    22. 人防工程防化设施齐全是否就意味着能实现全部工程防化要求？ 030
    23. 什么是人防工程防化保障？ 030
    24. 什么是人防工程防化设计？ 031

         25. 人防工程防化设计有哪些基本原则？ ……………………………………………031
         26. 哪些因素决定人防工程防化安全性？ ………………………………………032
         27. 在防化设计中重点考虑哪些因素以保证工程对核武器毁伤效应的防护？ ……033
         28. 在防化设计中哪些设计体现工程对化学及生物武器和放射性沾染的防护？ …033
         29. 人防工程的防化要求有哪些？ ……………………………………………034
         30. 为什么不同类别的工程防化要求不同？ …………………………………035
         31. 什么是工程头部？它与工程口部有什么区别？ …………………………036
    2.3 工程防化要求的实现 ……………………………………………………………036
         32. 什么是工程隔绝防护时间？ ………………………………………………036
         33. 什么是工程的隔绝居住时间？ ……………………………………………037
         34. 什么是工程防化分区？如何设置工程防化分区？ ………………………038
         35. 人防工程有几种防护方式？ ………………………………………………038
         36. 什么是隔绝式防护、什么是隔绝式通风？两者的区别是什么？ ………039
         37. 什么是过滤式防护、什么是过滤式通风？两者的区别是什么？ ………040
         38. 人防工程有几种通风方式？ ………………………………………………040
         39. 什么是清洁式通风？它与隔绝式通风有什么区别？ ……………………041

第 3 章 人防工程建筑的防化要求与设计 ……………………………………043
   3.1 防化建筑设计要求 ………………………………………………………………044
         40. 人防工程在建筑设计中哪些是保障防化功能的设计？ …………………044
         41. 人防工程染毒区和清洁区是如何划分的？ ………………………………044
   3.2 房间、通道及设施防化设计 ……………………………………………………045
         42. 工程中与防化相关的房间有哪些，分别在什么位置？ …………………045
         43. 防化值班室设计中应关注哪些问题？ ……………………………………045
         44. 洗消间设计中应关注哪些问题？ …………………………………………046
         45. 简易洗消间如何设计？ ……………………………………………………046
         46. 防化器材储藏室如何设计？ ………………………………………………046
         47. 防毒通道如何设置？ ………………………………………………………047
         48. 防化等级不同的防护单元间的连通口设计应注意什么？ ………………047
         49. 临空墙或（防护）密闭墙上预埋的通风管、给排水或电气套管如何
             保证密闭？ …………………………………………………………………048
         50. 如何设置气密测量管？ ……………………………………………………048
   3.3 工程建筑防化设计运用有关问题 ………………………………………………049
         51. 如何判定工程气密性合格？ ………………………………………………049
         52. 自动排气活门和密闭阀门的气密性如何测量？ …………………………049
         53. 微压差计如何选择？ ………………………………………………………050

第 4 章　人防工程通风的防化要求与设计 ·············· 053

4.1　防化通风设计要求 ·············· 054

54. 滤毒风量、最小防毒通道换气次数和最低主体超压三者之间是什么关系？··· 054

55. 通风系统应如何设计以保证外部污染不被引入清洁区？·············· 055

56. 当滤毒式新风量计算用公式 $Q=q_L+KV$ 时，q_L 取多大的漏风量？·············· 055

57. 通风系统过滤设备的终阻力该如何确定？·············· 056

4.2　工程过滤通风系统设备 ·············· 056

58. 人防工程过滤吸收器的基本组成及各部分功能是什么？·············· 056

59. 为何要对过滤设备的阻力进行检测？如何检测？·············· 057

60. 现有过滤设备能有效滤除生物气溶胶吗？·············· 058

61. 密闭阀门应满足的主要指标有哪些？·············· 058

62. 工程各通风相关控制箱有什么防化方面的要求？·············· 059

63. 通风控制箱上的"一键隔绝"功能是什么？·············· 061

4.3　工程过滤通风系统运用有关问题（含审图）·············· 061

64. 工程通风方式转换应遵循什么原则？·············· 061

65. 过滤吸收器能用多久？何时需要更换？·············· 062

66. 过滤吸收器的使用和更换应注意些什么问题？·············· 063

67. 过滤吸收器并联安装时为何要使各支管的风量尽量一致？·············· 063

68. 防化化验室应按何程序进行通风？·············· 063

69. 在通风图中重点审防化专业的哪些内容？·············· 064

第 5 章　人防工程防化报警、监测与控制 ·············· 065

5.1　防化报警、监测与控制设计要求 ·············· 066

70. 工程防化报警设计中应关注哪些问题？·············· 066

71. 毒剂报警器的探头应如何设置？·············· 066

72. 毒剂报警器的灵敏度是否越高越好？·············· 067

73. 为什么要规定毒剂报警器探头到防爆波活门的距离？·············· 067

74. 当战时为竖井进风时，如何计算毒剂报警器探头到进风防爆波活门的距离？·············· 068

75. 工程是否有必要设置生物报警器？·············· 068

76. 工程防化监测设计中应包括哪些要素？·············· 069

77. 人防工程中空气染毒自动监测点位于工程的什么位置？·············· 070

78. 工程防化控制应实现哪些功能？·············· 070

79. 工程防化相关设备的电力负荷等级是如何划分的？·············· 070

5.2　防化报警、监测与控制设备要求 ·············· 071

80. 口部毒剂报警器探头安装处抗冲击波的具体措施有哪些？·············· 071

81. 防护通风控制箱（盒）的基本功能配置要求是什么？ ············071
82. 防化报警、监测与控制设备的通信协议是否统一？ ············072

5.3 防化报警、监测与控制设备运用相关问题 ············072
83. 对工程实施放射性监测的措施主要有哪些？ ············072
84. 设在工程口部最后一道密闭门内的毒剂监测仪设置高度有什么要求？ ············072
85. 工程转入隔绝式防护后可以立刻开启隔绝通风吗？ ············072
86. 在电气专业图纸审查中，应重点关注哪些防化专业内容？ ············073

第6章 人防工程洗消系统设计 ············075

6.1 人防工程洗消设计要求 ············076
87. 什么是工程洗消？ ············076
88. 工程头部哪些部位是染毒区和允许染毒区？这些部位与洗消设计有什么关系？ ············076
89. 染毒人员进入工程必须经过的洗消流程？ ············077
90. 外界污染条件下人员进入工程通常有哪些洗消方法？ ············078
91. 仅有简易洗消间设计的工程是否就意味着人员洗消不彻底？ ············079

6.2 工程洗消防化设计 ············079
92. 工程洗消间内人员洗消设计布局应是怎样的？ ············079
93. 工程简易洗消间设计应关注什么？ ············080
94. 工程染毒区风管的洗消设计有什么要求？ ············080
95. 工程主要人员出入口的洗消设计有什么要求？ ············080
96. 工程口部密闭通道是否有必要设计水冲洗设施？ ············081
97. 工程口部洗消用水量标准如何确定？ ············081
98. 工程内人员洗消用水量标准如何确定？ ············082
99. 坑道掩蔽部排水系统如何密闭防护？ ············082
100. 工程次要出入口排水系统如何密闭防护？ ············083
101. 工程内的洗消设计对用电有什么要求？ ············083

6.3 工程洗消设备与运用有关问题与审图 ············083
102. 染毒后的工程进排风系统哪些部位应洗消？ ············083
103. 对染毒的工程人员出入口如何消毒？ ············083
104. 人防工程哪些位置可能需要用水冲洗法进行消毒、消除？ ············084
105. 人防工程内是否需要考虑生物污染净化？这对人防工程设计有何影响？ ············084
106. 在审水专业图时重点审查防化专业的哪些问题？ ············085

附 录 ············087

全国通用人防工程资料目录 ············088
北京市人防工程资料目录 ············091

上海市人防工程资料目录	096
江苏省人防工程资料目录	096
安徽省人防工程资料目录	098
河北省人防工程资料目录	100
山西省人防工程资料目录	100
河南省人防工程资料目录	101
内蒙古自治区人防工程资料目录	103
广西壮族自治区人防工程资料目录	103
重庆市人防工程资料目录	104
辽宁省人防工程资料目录	105
浙江省人防工程资料目录	105
山东省人防工程资料目录	108
贵州省人防工程资料目录	110
四川省人防工程资料目录	111
云南省人防工程资料目录	111
新疆维吾尔自治区人防工程资料目录	111
吉林省人防工程资料目录	112
陕西省人防工程资料目录	113
甘肃省人防工程资料目录	114
广东省人防工程资料目录	114
美国防护工程设计标准等资料目录	116

参考文献 118

第1章
核生化武器效应

1. 什么是人防防化？

防化是指军民针对核生化武器所造成的危害，采取的预先准备与应急性的各类防护措施的统称，也称核生化防护，也就是人们常说的"三防"。早在 20 世纪 60 年代末到 80 年代初，美国和苏联处于冷战的激烈对抗时期，核武器袭击是各国民防需要重点应对的、破坏性最大的袭击方式，从那时候开始，以防范大规模杀伤性武器对城市、重要目标及人员的袭击，减轻核武器、生物武器和化学武器对城市重要目标的破坏和人员的杀伤，对保护人口及快速恢复经济运行有着重要的作用。

人防防化是指在核生化武器袭击条件下，为保护人民生命财产的安全、减少国民经济损失、保存战争潜力，在政府的领导下，动员组织民众采取疏散、掩蔽行动，消除空袭后果，包括针对核生化危害的侦察、报警、监测、防护、沾染消除和消毒灭菌，以及人员救治等措施，从而避免或减少人员生命、健康、环境等的损失。

在信息化时代，运用传统的核生化武器，直接针对城市和重要目标打击的概率在下降，但以常规武器袭击城市的重要目标，特别是一些有毒有害物质的实验、生产、贮存设施遭袭，也会导致产生次生的战场核生化效应，同样需要人民防空指挥机构组织民众预先制定或采取相应的防护对策，这些防范措施也可统称为人防防化（即广义的防化）。

2. 什么是核武器，其未来可能有哪些方面的发展？

核武器亦称原子武器，是利用重原子核裂变反应或轻原子核自持聚变反应，瞬间释放出巨大能量，产生爆炸作用，并具有大规模杀伤破坏效应的武器的统称，包括原子弹、氢弹、中子弹等。

1945 年美国将最新研制出来的核武器，经 7 月份的初步爆炸实验后，首次于 8 月 6 日、后于 8 月 9 日分别在日本的广岛和长崎两个城市投下了原子弹。投放在广岛的原子弹是一枚 1.25 万吨级 TNT 当量的铀弹，爆炸高度为 666m（属于低空爆炸）。这一枚原子弹爆炸造成了广岛的毁灭性破坏，爆心投影点周围 12km^2 内的建筑物全部摧毁，全市房屋被毁达 62.8%；炸死 7.8 万人，炸伤 3.7 万人，死伤人数达到当时广岛人口的 48%。城市基础设施完全毁坏，消防、医疗等救援体系完全失效。空投在长崎的钚弹只有 2 万吨 TNT 当量。长崎市由于其特殊地形的原因，受到的破坏程度比广岛小。其受严重破坏地区呈椭圆形状，南北长约 3.7km，东西宽约 3km。爆心投影点周围 11km^2 内的房屋全部摧毁，工厂 68.3% 被摧毁；死亡 2.37 万人，失踪 5000 人，受伤 4.3 万人，死伤人数占当时全市人口的 29%。广岛与长崎遭到的原子弹破坏，使得全世界都看到了核武器的巨大破坏作用，核武器是不少国家在战后都试图拥有的战略威慑性武器。

核武器发展到现在，按照反应原理大致可分为四代。第一代核武器发展于 20 世纪 40~50 年代，是利用铀或钚等易裂变重原子核发生裂变链式反应，瞬间释放出巨大能量的核武器，称为原子弹或裂变弹；发展于 20 世纪 60 年代的第二代核武器是利用氘、氚等氢原子核的自持聚变反应瞬间释放巨大能量的核武器，称为氢弹、聚变弹或热核武器；第三代核武器发展于 20 世纪 70 年代，是指通过特殊设计，增强或减弱某些核爆炸效应以达成特殊杀伤破坏效应的核武器，称为核定向能武器，主要成员有中子弹、电磁脉冲弹、强冲击波弹、核钻地弹等；第四代核武器几乎与第三代核武器同步研制，以原子武器和氢武器的原理为基础，关键研究设施为惯性约束聚变装置，这类武器不产生剩余核辐射，可作为"常规武器"使用，可能的发展方向有金属氢武器、反物质武器、核同质异能素武器等，目前尚未达到实战化的程度。

核武器按作战使用可分为战略核武器和战术核武器。战略核武器指用于攻击敌方或保卫己方战略要地的核武器的总称。它是由高威力的核弹头和远距离的投射工具组成的武器系统，其作用距离可远至上万千米，弹头爆炸威力高达几十甚至上千万吨 TNT 当量。战术核武器是指用于支援陆、海、空战场作战，打击对敌方军事行动有直接影响的目标的核武器。它是由威力较低的核弹头和射程较近的投射工具组成的武器系统，其射程一般在几十到几百千米，核弹头的威力多为几千至几万吨 TNT 当量。

核武器的大规模杀伤性和多种杀伤破坏因素，对人类文明威胁极大。1968 年 6 月 12 日联合国大会通过了《不扩散核武器条约》，又称《防止核武器扩散条约》，并于 1970 年 3 月 5 日正式生效。条约明确要求拥有核武器的国家不得将核武器扩散到其他国家；无核武国家在履行《不扩散核武器条约》义务的前提下有权和平利用核技术；拥有核武器的国家需切实采取行动削减核武器，直至消除核武器。

尽管国际上有《不扩散核武器条约》的制约，但有核国家数量不减反增，核武器技术与核能力在全球范围内呈扩散趋势。继印度和巴基斯坦先后拥有核武器后，朝鲜也有了初步的核威慑能力；某些恐怖组织对掌握核技术与核武器表现出强烈兴趣。同时，有核国家对核武器的升级改造以及研发新型核武器的活动从未停止。美、俄、英、法等国在削减核武库的同时，仍在不断研制和改进战略核武器，以确保核威慑继续有效。美国在发挥核武器优势，提高其反应能力和打击速度的同时，仍在研发低当量、小型核武器及其载运工具。美军正在发展由海基发射的低当量核武器，改进部分潜射弹道导弹，使其可以搭载低当量核武器，未来将发展可携带核弹头的舰载巡航导弹。种种迹象表明，国际核安全形势不容乐观，各国继续发展并强化战略威慑力量的既定政策不会改变，核武器及其威慑作用将长期存在。

3. 核武器的杀伤破坏作用有哪些？

核武器的威力用"TNT当量"表示，简称当量。TNT当量是指核武器爆炸时所释放的能量相当于多少吨TNT化学炸药所释放的能量。核武器按爆炸威力分为百吨级、千吨级、万吨级、十万吨级、百万吨级和千万吨级。

核武器爆炸释放出的能量不仅巨大，而且核反应过程非常快，通常在微秒级的时间内即可完成，可以想象，这么巨大的能量并在极短的时间内释放出来，因此这种杀伤破坏就极为震撼。核武器的能量释放有不同的形式，分别以光辐射、冲击波、早期核辐射、核电磁脉冲和放射性沾染的形式破坏物体和杀伤人员。通常说核武器有五种杀伤因素，其中光辐射、冲击波、早期核辐射、核电磁脉冲在核爆炸后几十秒钟内起作用，称为瞬时杀伤破坏因素；放射性沾染在核爆炸后一段时间内出现，持续作用时间约几天至十几天，甚至更长时间，称为延时危害因素。

（1）光辐射

光辐射是核爆炸形成的高温高压火球辐射出来的光和热，能灼伤人员的皮肤；造成眼角膜和视网膜灼伤；闪光可引起闪光盲；人员吸入炙热空气可导致呼吸道烧伤；光辐射还能使物资器材熔化、灼焦、炭化和燃烧，形成大面积火灾，造成人员间接伤亡。

（2）冲击波

冲击波是核武器爆炸形成的高温高压气团，猛烈压缩和推动周围介质所产生的高压脉冲波。它从爆心以超音速向四周传播。冲击波对人体的直接抛掷、挤压和抽吸作用，可造成心、肺、肠、胃、耳膜等器官内伤和身体的外伤。此外，被破坏和倒塌建筑物或抛射物体，也能对人员造成间接杀伤。据估算，在城市发生核爆炸，冲击波间接杀伤人数约占伤员总数的80%。

（3）早期核辐射

早期核辐射是指在核爆炸最初的十几秒钟内辐射出来的 γ 射线和中子流。早期核辐射穿透能力强，照射人体达到一定剂量时，人员就会得放射病；照射到土壤、含盐碱的食品和某些金属器具上，还会使其中的某些金属元素产生感生放射性，人员接触或食入后也能造成伤害。

（4）核电磁脉冲

核电磁脉冲是核爆炸瞬间产生的一种强电磁波。它与自然界雷电十分相似，其作用半径随爆炸高度的升高而增大。实验尚未发现核电磁脉冲对人、畜有杀伤作用。但它能使计算机信息丢失，使自动控制系统失灵，无线通信器材和家用电器受到干扰或损坏。苏联曾于 1961 年 10 月进行过一次世界上最大规模的氢弹试验，爆炸当量高达 5000 万 t，爆炸产生的核电磁脉冲一度使得距离 4000km 内的通信全部中断。有人预测，未来战争初期，很可能首先遇到的是核电磁脉冲的袭击。

（5）放射性沾染

放射性沾染是指核爆炸时产生的放射性物质对地面、水面、空气和各种物体的污染。核爆炸的高大蘑菇状烟云中含有大量的放射性物质，在下风方向沉降后，会造成大面积的地面、植被（农作物）放射性沾染，与沙尘暴造成的尘降类似。而这些放射性物质只能用扫除或冲洗等方法从地面或物体上除掉转移，用一般的物理、化学方法无法改变其放射性。

放射性沾染通过多种途径伤害人体，譬如：沾染区内人员会受到体外照射伤害；沾染的空气、食物和水进入人体可引起体内照射伤害；放射性物质接触到人体的皮肤，可引起皮肤灼伤；水、粮食等食物沾染后无法直接食用，还会污染环境，影响生物链的正常发展。

4. 什么是核武器的杀伤区？有什么特点？

核武器杀伤区是指核爆炸引起人员伤亡的地区。杀伤区的大小主要取决于核武器当量和爆炸方式。通常根据冲击波的杀伤作用划分，见图 1-1。

核武器杀伤外区，即Ⅲ区，受到 0.01~0.03MPa 的冲击波阵面的冲击。通常这一区域内的人员通过自救互救得到基本的救助。

核武器杀伤中区，即Ⅱ区，波阵面的超压为 0.03~0.1MPa。这一区域的破坏程度较大，通常是人防专业队人员实施抢险作业的重点区域。

核武器杀伤内区，即Ⅰ区，包括爆炸零点，冲击波超压在 0.1MPa 以上，是城市或目标区破坏最严重的区域，在同样的爆炸威力下，核武器空爆的杀伤面积约为地爆的 1.5 倍。

地爆时Ⅰ区中心形成一个弹坑。10 万吨级地爆弹坑直径为 160m，深 25m。剂量率达到几十到上百库仑/千克（C/kg）。处于这一区域内的室外人员一般立即死亡。即使在地下防护工程内，人员大部分也会受到严重伤害。在Ⅰ区内几乎不会起火，因为大部分可燃材料都埋在瓦砾之中。光辐射会使地面的一切化为灰烬，早期核辐射的伤害也极其严重。此外，在Ⅰ区还会长时间放出核射线，这些射线由中子感生引起，或来自降落的放射性落下灰。地爆的Ⅰ区面积比空爆大。

Ⅱ区是中等杀伤破坏区。无防护人员会受到冲击波的直接杀伤，程度从中度伤到重度伤都有，约有 80% 的人员死亡。空中四处横飞的玻璃碎片、石子、瓦砾碎片等会给无遮蔽的人员造成复杂的伤情。

重量为 0.13g 的玻璃碎片飞速可达 52m/s，降落密度可达 4200 片 /m²。而 22g 重的石块和瓦片飞速可达 87m/s，降落密度可达 430 片/m²。

爆炸威力大时，Ⅱ区的光辐射脉冲可达 418J/cm²。这一区域会因为瓦砾堆积少而着火的可能性大。从中部向外可分为大面积起火区和烈火区。这一区域的无防护人员会被烧焦或重度烧伤。早期核辐射会使人受到大约 20Gy（戈瑞）的剂量照射。在防护工程内的人员也会受到 0.1~0.3Gy 的剂量照射。在爆炸威力较小时，无防护人员也会由于早期核辐射引发不同程度的放射病。

地爆时Ⅱ区有大约三分之一的地区成为放射性径迹区，人员出现危险或一般性的放射病。如果地面有建筑群，会有 65% 的地区由于道路堵塞而难于通行。Ⅱ区抢救工作的重点应放在抢救被掩埋的人员和工程内的人员、控制、扑灭火灾。

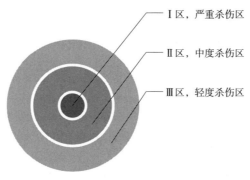

图 1-1　核武器杀伤破坏分区示意

在Ⅲ区主要产生轻度至中度的伤害，无防护人员受到冲击波的直接作用只造成轻伤。在此区域的冲击波传播时间内，无防护人员会有被 0.3~1.5g、速度为 40m/s 四处横飞的玻璃碎片杀伤的危险。在城市区域内，碎片降落密度可达 1400 块/m²。在Ⅲ区破坏区预计交通阻塞区可达 10%。

爆炸威力较大时，在Ⅲ区光辐射形成的光脉冲可达 210J/cm²。无防护人员会烧伤，如果天气晴朗，爆炸威力大，部分楼房和树林也会起火。

早期核辐射对Ⅲ区无防护人员也会造成杀伤作用。即使极小的爆炸威力，其剂量也可达到危险值。这一地区大约有三分之一的地方会变成放射性云团传播区，在核爆炸时停留在放射性区的室外无防护人员约有 75% 的人会遭到综合性杀伤，其中 10% 致死。

5. 核武器杀伤区是指哪些杀伤因素的作用区域？

核武器的杀伤破坏作用之所以巨大是因为其既有瞬时杀伤作用，也有延时杀伤作用。瞬时杀伤作用发生在核爆炸的瞬间，核爆炸时冲击波、光辐射和早期核辐射这三种作用即属于瞬时杀伤因素，其波及的地区就是核爆炸瞬时杀伤破坏区。这些瞬时杀伤作用时间随着核爆炸的当量有所不同，在当量小于50万t时，持续时间大约1min，在当量大于50万t时，不超过3min。

核爆炸的延时杀伤作用是指核装料（钚^{239}，铀^{235,238}）的裂变产物、感生放射性（在中子作用下，在土壤和其他材料中所形成的放射性核素），以及未裂变的部分核装料，在爆炸后几十种元素由于吸收了中子而极不稳定，在β衰变的同时放出γ粒子，直至产生稳定的同位素为止。放射性衰变有不同阶段，总共能产生几百种放射性核素。由于最初的裂变碎片核素要经过3~4次衰变，最终才转变为稳定的同位素，可想而知，放射性存续的时间远较核爆炸时间长。作用时间可能从几小时持续到核爆炸发生后的几周时间，且随着大气中放射性烟云的漂移，其作用范围也远大于瞬时杀伤作用区。

核爆炸后裂变产物混合物的放射性强度和核爆炸当量直接相关，当量越大，放射性总强度越大。放射性强度过去曾用居里（Ci）表示，国际单位制则以贝可勒尔（Bq）表示，1Bq相当于每秒产生一次核衰变（注：$1Ci=3.7\times10^{10}Bq$）。

6.核爆炸的冲击波杀伤破坏作用有多大？

冲击波是核爆炸能量释放占比最多的部分。根据空气、土壤和水等不同介质，冲击波分别称为空气冲击波、水下冲击波和地震波。空气冲击波是核武器爆炸反应区温度急剧升高造成空气膨胀、压缩，进而以加热和压缩空气区的形式极快速地向四周传播而形成的。核武器爆炸产生的冲击波沿运动方向在火球热膨胀期为正向（向外），这是因为冲击波通过空间某点处，这一点上的压力和温度立即升高，形成超压区，空气沿冲击波方向扩展。随着气体膨胀压力降低，空气迅速冷却收缩，经极短的时间，当气压下降与大气压相等后，压力进一步降低，就形成负压区，这时空气开始朝爆点反方向运动，当空气压降到大气压时则空气停止流动。冲击波阵面最大空气超压是空气冲击波的主要特征。核爆炸空气冲击波对建筑物破坏的力量主要在于超压大小和作用的时间，其次还有负压在反方向的作用力和作用时间。处于核武器杀伤范围内，地面建筑物常常在正、反两个方向的推力和吸力作用下坍塌。

冲击波常常是核武器爆炸的主要杀伤因素。空气冲击波造成的不同程度的破坏作用基本上取决于超压值大小。某当量的核爆炸冲击波在距爆心不同距离上形成的超压和波阵面空气速度见表1-1。

某当量核爆炸冲击波主要参数值　　　　表1-1

参数	距爆心距离（m）					
	500	750	1000	1500	2000	2500
超压（MPa）	0.135	0.075	0.048	0.026	0.017	0.012
波阵面空气速度（m/s）	310	189	124	68	43	31

如果不理解空气速度达 124m/s 的含义，对照气象学的风力等级表（表 1-2）就可以体会到。在核爆炸 1km 以外，空气冲击波产生的巨大风速也比通常天气预报讲的台风风速大得多。即使观测到的 18 级海上的飓风风速也只达到 61.2m/s 以上。如果考虑到地面风速的威力，空气冲击波产生的地面破坏性可想而知。

气象学的风力等级　　　　　　表 1-2

风级	名称	风速（m/s）	陆地物象	水面物象	浪高（m）
0	无风	0.0~0.2	烟直上，感觉没风	平静	0.0
1	软风	0.3~1.5	烟示风向，风向标不转动	微波峰无飞沫	0.1
2	轻风	1.6~3.3	感觉有风，树叶有一点响声	小波峰未破碎	0.2
3	微风	3.4~5.4	树叶树枝摇摆，旌旗展开	小波峰顶破裂	0.6
4	和风	5.5~7.9	吹起尘土、纸张、灰尘、沙粒	小浪白沫波峰	1.0
5	清劲风	8.0~10.7	小树摇摆，湖面泛小波，阻力极大	中浪折沫峰群	2.0
6	强风	10.8~13.8	树枝摇动，电线有声，举伞困难	大浪到个飞沫	3.0
7	疾风	13.9~17.1	步行困难，大树摇动，气球吹起或破裂	破峰白沫成条	4.0
8	大风	17.2~20.7	折毁树枝，前行感觉阻力很大，可能伞飞走	浪长高有浪花	5.5
9	烈风	20.8~24.4	屋顶受损，瓦片吹飞，树枝折断	浪峰倒卷	7.0
10	狂风	24.5~28.4	拔起树木，摧毁房屋	海浪翻滚咆哮	9.0
11	暴风	28.5~32.6	损毁普遍，房屋吹走，有可能出现"沙尘暴"	波峰全呈飞沫	11.5
12	台风（亚太平洋西北部和南海海域）或飓风（大西洋及北太平洋东部）	32.7~36.9	陆上极少，造成巨大灾害，房屋吹走	海浪滔天	14.0

注：本表所列风速是指平地上离地 10m 高度处的风速值。

在地爆时，随着冲击波对土壤作用，地面也会产生一个震动，会使人感到像是地震一样晃动。地震冲击波导致地面形成裂缝，根据离爆心距离的大小，地下建筑物也会受到破坏，当然除钻地核弹导致的地下核爆炸外，一般核爆炸对地下建筑物破坏程度比地面建筑物破坏程度要轻。

7. 核爆炸的光辐射杀伤破坏作用有多大？

光辐射是紫外到红外区的一种电磁辐射。根据这种辐射谱的宽度分别称为光辐射和热辐射。光辐射占爆炸总能量的 35%，而其中 40%~50% 的能量分布在眼睛可见光辐射范围内。光辐射的强度随着距爆心的距离的平方而下降。光辐射在其能达到的整个地区同时起作用，也同时结束。光辐射到达目标后，以垂直光的传播方向的表面受热最为严重，人体首先是在裸露部位引起重度烧伤。光脉冲值是指一定距离上与光传播方向垂直的表面每平方厘米面积上接受的光能。有关实验数据表明，距离越远，能见度越低，在有雨雪、灰尘、烟雾等能见度不好的情况下，空气中的粒子吸收光辐射的同时，将大幅削弱光脉冲和光辐射的毁伤作用。

对比与皮肤灼伤等级相对应的光脉冲值大小，见表1-3，可见，同一爆炸当量下，光脉冲量越大，造成的皮肤灼伤程度越严重，有服装保护的皮肤达到同一灼伤程度时就需要更高的光脉冲值。但是，爆炸当量增大时，暴露皮肤的同一灼伤程度与较低的光能量相对应。光能接触到皮肤时，只有极微量的热量散失，导致皮肤表面温度迅速升高，灼伤程度增高。其实光辐射对人员的杀伤程度不仅取决于灼伤等级，还取决于皮肤灼伤的面积。当皮肤暴露部位受到2~3级灼伤，或者被服装遮盖的皮肤遭到2级灼伤的面积超过体表的3%时，人员就失去了行动能力。

造成不同皮肤灼伤等级的光脉冲值（J/cm²）　　表1-3

灼伤等级	爆炸当量（kt） 皮肤外露部位				皮肤非外露部位	
	1	10	100	1000	夏季	冬季
1级，皮肤表面红肿	10.04	13.39	16.22	20.08	25.10	146.44
2级，皮肤起泡	16.72	25.10	29.29	37.66	41.84	167.36
3级，皮肤深层组织坏死	33.44	37.66	46.04	50.21	62.76	209.2
4级，皮肤、皮下细胞组织甚至更深层组织被烧焦	>33.44	>37.66	>46.04	>50.21	>62.76	>209.2

光辐射对眼睛的伤害有三种：暂时失明（可达30min之久）；眼底灼伤（由于在近距离上用肉眼观看到核爆炸火球）；角膜和眼睑灼伤（发生在与皮肤灼伤相同的距离上）。

8. 早期核辐射杀伤破坏作用有多大？

早期核辐射是在火球闪光或变成放射性烟云时产生的、近地范围内很强的电磁γ射线及中子流辐射，有强电离作用。早期核辐射的作用时间只有几秒，无论是γ射线还是中子流，它们能在空气中向周围扩散2.5~3km，γ射线的射程比中子辐射大。早期核辐射的能量约占总爆炸能量的5%。γ射线和中子流在穿透各种材料时能量就会有所损失，材料的密度越大，穿透材料前后的能量之差就越大。如果是对有生命的物质，这个被生命体阻挡的量就是对生命体的伤害剂量；对无生命的物质，这个值就可以看成是该物质的防护力，见图1-2，防护值（剂量）=P_1/P_2。

早期核辐射的毁伤作用以辐射剂量表示，即以被照射介质单位质量所吸收的放射性辐射能量表示。辐射剂量分为照射剂量和吸收剂量两种。照射剂量过去曾用仑

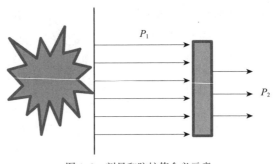

图 1-2 剂量和防护值含义示意

表示，即 1cm³ 空气中能造成 2.1×10^9 离子对的 X 射线照射和 γ 辐射的剂量为 1 仑。而根据国际单位制，照射剂量的单位是库仑/千克（1 仑 $=2.58 \times 10^{-4}$ 库仑/千克）。

吸收剂量的单位过去曾用拉德（1 拉德 =0.01J/kg 组织吸收能量）表示，按照国际单位制，吸收剂量的单位是戈瑞（Gy，1 戈瑞 =1J/kg=100 拉德）。吸收剂量能更精确地确定出电离辐射对具有不同原子组成和不同密度的机体生物组织的作用。

有机体电离过程中所接受或吸收的总能量是剂量，而单位时间的剂量则为剂量率。核爆炸的剂量率下降很快。

核爆炸的辐射分为早期核辐射和延时辐射，后者是由放射性落下灰和感生放射性造成的。早期核辐射剂量取决于核爆炸的种类、当量、方式及距爆心的距离。早期核辐射是中子弹和小当量与超小当量裂变弹爆炸时的主要杀伤因素之一。中子弹爆炸时，辐射剂量的主要部分是由快中子构成，此时，早期核辐射具有特别重要的意义。

9. 在核武器杀伤区外核爆炸还会对人员产生哪些伤害？

在核武器杀伤区外，除放射性径迹区内有大面积的放射性沾染外，还会有瞬时核辐射，但其引起的伤害较小。在核爆炸时停留在室外的人员不会受到瞬时杀伤因素的影响（超压小于 0.01MPa 的区域）。

核爆炸火球亮度比太阳光辐射亮度大 100 倍，核爆炸光辐射会在核武器杀伤区外对人员造成闪光盲。闪光盲持续时间主要取决于爆炸威力，白天不超过 1min，夜晚 3~5min。闪光所能照到的区域在很大程度上取决于气象条件，据估算，在晴朗无云的夜晚，在千吨级范围内的爆炸威力，距离可达 50km，在阴天可达 10km，在百万吨级范围内闪光可达 100km 以上。

10. 核爆炸会造成怎样的放射性沾染？

核爆炸后，放射性物质从核爆炸烟云中降落，地面、大气近地层、水源、空间和其他物体都会遭受放射性沾染。

放射性沾染作用不仅局限于爆心附近地区，而且在距离爆心几十甚至几百千米的范围内都能造成很高的辐射级，地面放射性沾染与核爆炸瞬时杀伤因素不同的是，它能在爆炸后几昼夜甚至几周内还能起作用。

地爆时的地面沾染最为严重。此时严重沾染面积将超过冲击波、光辐射和早期核辐射毁伤区面积的许多倍。放射性物质本身及由其放出的电离辐射，无色、无味、其衰变速度不能用任何物理或化学的方法予以改变。

核武器地爆时，火球与地表接触并形成弹坑，卷入火球中的大量土壤被熔化、蒸发，并与放射性物质混在一起。随着火球的冷却和上升，蒸气凝结，形成大小不同的放射性粒子。爆区内的土壤和接近地面的空气受热后，形成上升气流，并形成尘柱。当空气密度与周围空气密度相等时，烟云停止上升。平均在 7~10min 内，烟云上升达到最大高度 H，这一高度就是烟云稳定高度，见表1-4。

放射性烟云上升高度、大小与核爆炸当量的关系　　　　表1-4

爆炸当量（kt）	烟云上升高度（km）	烟云大小（km）	
		横向宽度	纵向厚度
1	3.5	2	1.3
5	5	3	1.6
10	7	4	2
30	9	5	3
50	10.5	6	3.5
100	12.2	10	4.5
300	15	14	6

地爆时烟云上升与烟云大小示意图见图1-3。

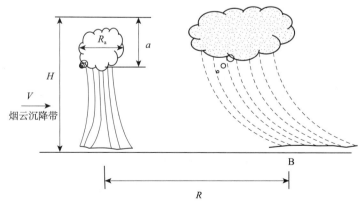

图1-3　地爆时烟云上升与烟云大小示意

注：H 为烟云上升高度（km）；V 为平均风速（km/h）；R 为距爆心距离（km）；
　　R_a 为烟云宽（km）；a 为烟云厚（km）。

在云迹的每一点上，如距离爆心为 R 的 B 点上，会有各种大小不同的放射性粒子下落，距离爆心越远，落下的大粒子越少。

地面放射性沾染可分为爆炸区沾染和云迹区沾染，见图 1-4。爆炸区沾染源于核裂变碎片的沉降和感生放射性的生成，通常爆炸区的沾染半径不大于 2km。放射性的沾染区是指对人员产生不同程度危害区的边界，可以用爆后一定时间的辐射剂量率表示（见表 1-5），也可用放射性物质完全衰变前的剂量表示。通常按照危害程度把云迹区分成四个区域。

A 区——最危险沾染区，在放射性物质完全衰变期间，在其外部边界上的辐射剂量达到 40Gy，区域的中部辐射达到 70Gy。

B 区——危险沾染区，在放射性物质完全衰变期间，在其外部边界上的辐射剂量达到 12Gy，内部边界上的剂量达到 40Gy，此区约占云迹区面积的 8%~10%。

C 区——严重沾染区，边界的辐射剂量分别为 4Gy 和 12Gy，该区约占云迹区面积的 10%。

D 区——中等沾染区，放射性物质完全衰变前的辐射剂量在外部边界上为 0.4Gy，在内部边界上为 4Gy，该区域面积占整个云迹区面积的 70%~80%。

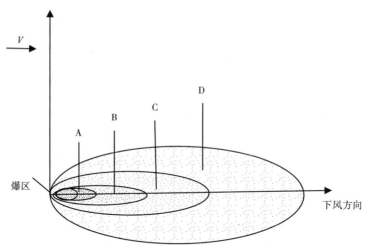

图 1-4　爆炸区和云迹区放射性沾染示意图

各区辐射剂量率随时间衰变情况　　　　　　表 1-5

各区外部边界	爆后 1h 辐射剂量率（Gy/h）	爆后 10h 辐射剂量率（Gy/h）
A	8	0.5
B	2.4	0.15
C	0.8	0.05
D	0.08	0.005

地面的放射性强度随着时间的变化有规律可循，大体上地面辐射剂量率或沾染密度一样，可通过公式（1-1）计算出来。

$$A_t = A_0 \left(\frac{t}{t_0}\right)^{-1.2} \tag{1-1}$$

式中 A_t——t 时刻地面辐射剂量率（Gy/h）；
A_0——t_0 时刻地面辐射剂量率（Gy/h）。

11. 什么是化学武器，传统的化学武器有了什么变化？

化学武器是以毒剂的毒害作用杀伤有生力量的武器。包括毒剂（或其前体）、装有毒气（或其前体）的弹药和装置，以及使用这些弹药和前体的专门设备。如装有毒剂或毒剂前体的化学炮弹、化学航空炸弹、化学火箭弹、导弹化学弹头、化学地雷、航空布洒器以及其他毒剂施放器材等。使用时借助于爆炸、热气化、空气阻力作用，将毒剂分散成蒸气、气溶胶、液滴或粉尘状态，使空气、地面、水源、物体染毒，人、畜经呼吸道吸入和皮肤吸收，造成伤亡或暂时丧失战斗力，达到杀伤、疲惫对方，迟滞对方军事行动的目的。国际上已将其列为大规模杀伤性武器。

毒剂也称军用毒剂，是在军事行动中以毒害作用杀伤人、畜的化学物质。传统的毒剂有多种分类方法，如果以造成人员某种毒害效应的特点区分，可以分成以下几种：对神经系统产生毒性作用的神经性毒剂、对皮肤、黏膜产生毒害作用的糜烂性毒剂、造成血液失去携氧能力恶化的全身中毒性毒剂、对呼吸系统产生窒息作用的窒息性毒剂以及造成人员暂时性认知障碍、感觉功能紊乱的失能性毒剂。上述几种主要毒剂的特点见表1-6。按杀伤作用持续时间，可分为暂时性毒剂和持久性毒剂；按杀伤作用的效果，可分为致死性毒剂和非致死性毒剂。

一些化学弹药中没有直接装填毒剂，而是在弹体内分隔装填两种或两种以上的无毒或低毒的化学物质，这些分别装填的、能在化学弹药投射过程中经化学反应生成毒剂的化学物质就是毒剂前体。装填成的化学弹药称为二元化学武器。

几种主要毒剂的特点　　　　　　　　表1-6

毒剂种类	神经性毒剂	糜烂性毒剂	全身中毒性毒剂	窒息性毒剂	失能性毒剂
名称	沙林、梭曼、塔崩、维埃克斯	芥子气、路易氏气	氢氰酸、氯化氰	光气	毕兹
性质	液体，沙林易蒸发	油状液体，芥子气有大蒜味，路易氏气有刺激味	氢氰酸为极易挥发液体，有苦杏仁味。氯化氰为气体，有刺激味	无色气体，有烂苹果味	无色固体，易挥发
战斗状态和造成染毒情况	沙林以气态使空气染毒，是暂时性毒剂。维埃克斯可分散成液滴，主要造成地面、物体、水源染毒，是持久性毒剂	液滴。主要造成地面、物体、水源染毒，挥发成气体也可使空气染毒	气状，使空气染毒，是暂时性毒剂	气状，使空气染毒，是暂时性毒剂	烟状，使空气染毒，是暂时性毒剂

续表

毒剂种类	神经性毒剂	糜烂性毒剂	全身中毒性毒剂	窒息性毒剂	失能性毒剂
中毒途径	吸入、接触、误食	吸入、接触、误食	吸入	吸入	吸入
中毒症状	瞳孔缩小、流汗、流泪、流涎、呼吸困难、头痛全身痉挛而死。中毒后很快出现中毒症状，故也被称为"速杀性毒剂"	皮肤红肿、起泡、溃烂、眼结膜炎、胸闷。中毒较轻时，有"潜伏期"	口舌麻木、头痛、呼吸困难、皮肤潮红、瞳孔散大、强烈痉挛死亡。中毒后较快出现中毒症状	咳嗽、呼吸困难气喘、皮肤青紫至苍白、窒息死亡。中毒较轻时，有"潜伏期"	口干、眼干、皮肤发红、体温升高、瞳孔散大、行动不稳、幻觉、精神失常

化学物质在战争中使用的历史悠久。第一次世界大战化学物质被大规模地用于战争。1925年6月17日在日内瓦签署了著名的《日内瓦议定书》——禁止在战争中使用窒息性、毒性或其他气体和细菌作战方法的议定书。但是，化学武器由于成本相对低、生产较容易，其巨大的军事价值而屡禁不止。在国际社会的共同努力下，1992年9月3日，《禁止化学武器公约》正式宣告诞生，全称是《关于禁止发展、生产、储存和使用化学武器及销毁此种武器的公约》，中国政府已经于1993年1月13日正式签署了这一公约，1997年4月29日公约正式生效。这个公约不仅禁止使用化学武器，而且还明文规定禁止发展、生产、储存、保有、转让化学武器以及为使用化学武器进行军事准备等活动。不仅禁止使用致死性化学武器，而且也禁止失能性化学武器，还禁止将控暴剂作为战争手段使用。《禁止化学武器公约》规定，不但要销毁现有的化学武器库存，而且还要彻底销毁化学武器的生产和装填设施。

尽管《禁止化学武器公约》的缔结对维护国际和平和安全具有重要意义，然而禁止化学武器公约并不能控制新型高毒性物质以及公约以外的化合物的研究。如2018年出现在英国间谍中毒案中的一种名为"诺维乔克"的高毒性化合物，当时就不在禁止化学武器公约的附表化学品清单中，这种和高毒性的神经性毒剂维埃克斯有着同样分子结构但毒性强数倍的化合物，其生产并不受国际社会监管。

毒素是一类特殊的生物化学物质，它们是由生物体（动物、植物或微生物）产生的有毒化学物质。尽管化学战剂，特别是神经性毒剂毒性已经很高了，但与毒剂相比，毒素的毒性更高。毒素可以通过动植物体分离、提取或通过人工合成得到。人体中毒途径与化学战剂相同。如果一旦在战争中使用，会对人体造成强烈的杀伤作用，有的人称为生物化学战剂。有些毒素已经列入《禁止化学武器公约》的附表清单中，如蓖麻毒素，能以气溶胶分散，对于热、酸、碱都较稳定，可在100℃高温下短时间不被破坏。中毒症状有严重的肺水肿和肝坏死。人员吸入毒性高，口服毒性更高，食入中毒的半致死剂量 LD_{50}=0.3mg/kg。肉毒毒素A型是一种神经毒素，中毒症状为头痛、头昏、乏力、呕吐、眼睑下垂、瞳孔散大、对光反射消失等。肉毒毒素的毒性极高，据称一个人只要吸收了0.1μg，即0.0001mg的肉毒毒素就足以致死。石房蛤毒素也是一种作用强烈的神经阻断剂，经胃肠道吸收，食入后在5~30min内就有中毒症状出现，从口腔与四肢麻木到肌肉完全瘫痪，最终会死于呼吸衰竭。

生物化学技术的发展会出现一些新的、高毒性或有特殊生理功能的物质,一旦这些物质失控,化学武器清单中就会出现新成员。

未来的化学武器,从战剂发展上会向更高毒性,更难发现与检测,具有特种生理效应的大分子生化物质以及非致死性等方向发展;从使用性能上会向高分散性、高持久度、多种物质混合等方向发展。

12. 化学武器是怎么造成人员杀伤的?

化学武器是一种利用化学战剂的毒性对人、畜及其有生命体产生杀伤作用的大规模杀伤性武器。化学战剂包括传统的毒剂也包括能毁坏各种动植物的毒素。如果按照化学武器公约的规定,化学武器不仅包括传统的化学战剂、毒剂前体、毒素,而且上述物质的施放装置都属于化学武器的范畴。

化学武器的特点是杀伤有生力量,同时会给生态环境造成长时间的影响,甚至有可能造成遗传后果,所有化学武器在国际社会上得到禁止,并有严格的核查机制。但是随着化学工业的发展,城市化过程的加快,常规袭击有可能造成不使用化学武器的化学战,所以民众仍需要学习有关化学武器的一些相关知识,以提高防护能力。

化学武器作为大规模杀伤性武器在于其能通过一定面积的空气、土壤、水的污染,造成这个区域范围的人员、动、植物的杀伤。化学战剂的战斗状态是化学武器杀伤作用的主要因素。化学战剂本身有固体、液体等状态,但在化学武器使用过程中被分散成固体或液体的微小颗粒,形成初生云随风飘散,或下沉到地面或扩散到下风方向的一定区域内,造成有生命体的杀伤。

化学战剂的战斗状态有蒸气、气溶胶和液滴等形态,其实本质上就是其分散后的粒子大小不同,正是化学战剂的不同分散状态造成了各个分散相具有不同的扩散运动特征。蒸气是气态物质。气溶胶是由悬浮在空中的固体或液体微粒组成的非均匀分散相,大小为 $0.01\sim10\mu m$ 的微粒形成的分散气溶胶能长久地悬浮在空气中,最易受到湍流扩散,渗透入气密性不好的地下防护工程中伤害人员,$100\mu m$ 的粗分散气溶胶,由于大气湍流的影响可在重力场中沉降于地面和物体表面。液滴是大小在 5mm 以上的大粒子,它们主要受到重力场的影响,湍流扩散作用影响较小。

一旦化学弹药爆炸,化学战剂就立即转成战斗状态,见图 1-5。

化学战剂被分散成蒸气和细分散气溶胶,部分成为染毒空气初生云团,使空气染毒,通过呼吸道杀伤人员。大颗粒气溶胶和液滴状毒剂能使地面、水源、建筑物、物资器材、人员服装、皮肤甚至伤口等各种物体和人员染毒,人员如果不慎接触到上述染毒物体表面后还会造成二次伤害。已经沉降在物体表面的气溶胶和小液滴在合适的温度条件下蒸发成蒸气形成再生云,在下风方向又会被人员吸入,造成人员的中毒。空气染毒程度以染毒浓度 C 表示,即单位体积染毒空气中毒剂的含量(mg/L,g/m^3)。物体表面的染毒程度用染毒密度 Q 表示,即单位染毒

图 1-5　化学弹爆炸后的分散状态示意图

表面内毒剂的含量（mg/cm^2，g/m^2）。如果化学战剂污染了水和食品，人员因误食而会受到伤害。水源染毒程度也用染毒浓度 C 表示，即单位体积污染水里毒剂的含量（g/m^3）。

在一定的气象条件下，化学战剂分散后形成的初生云和地面、物体表面染毒液滴蒸发形成的再生云，会随风飘散，这种染毒云团还会沉降到各种物体表面。所以化学武器不只是在爆炸地面形成污染，还会在一定的气象条件下，造成下风方向一定区域的地面、物体和人员的染毒。因此化学武器是有持续作用时间、较大作用面积、立体空间效应的大规模杀伤性武器。

13. 化学武器的毒性有多大？

化学武器通常是通过分散成不同的战斗状态对人员产生杀伤作用的，途径是通过呼吸道吸入中毒，皮肤、黏膜接触吸收中毒和消化道食入中毒等。

毒剂的毒性是毒剂对生命体造成杀伤作用的能力。毒剂与生命体接触，生命体会显示出毒性作用，即引起一定的中毒效应。中毒可能是局部或全身的，也可能两者同时发生。局部中毒发生在毒剂与生命体接触的部位，如伤害皮肤、刺激呼吸道、丧失视力等。全身中毒则是毒剂经皮肤（皮肤吸收）或经呼吸道（吸入中毒）进入血液而引起的中毒。毒性表示引起杀伤效应的毒剂的数量和对生命体起中毒作用的性质。为了对毒剂的毒性有定量的认识，通常用下列方式表示：

毒剂剂量——引起一定中毒效应的数值，当呼吸道中毒时，可以用吸入中毒时染毒浓度 C 和人员在染毒空气中停留时间 t 的乘积表示。当皮肤吸收中毒时，以毒剂落到皮肤引起一定中毒效应的液态毒剂量表示。

为了对比不同的杀伤途径造成多数人员中毒效应的差别，也有以半数致死剂量（半致死剂量）、半数失能剂量（半失能剂量）等表示。半致死剂量 LD_{50} 是使 50% 的中毒人员引起死亡的毒剂量，半失能剂量 ID_{50} 是使 50% 的中毒人员引起失能的毒剂量。如果是通过皮肤吸收中毒，这一平均致死剂量的单位是 mg/kg 体重，或 $g/$ 人。如果是通过呼吸道中毒，则半致死量以 LCt_{50} 表示，半失能剂量以 ICt_{50} 表示，单位是 mg·min/m³。如果吸入毒剂引起人员开始有初期中毒效应,其半中毒剂量则用 PCt_{50} 表示,单位为 mg·min/m³。

国际医学界按照有毒物质的急性毒性来进行分类。按照世界卫生组织1977年颁布的化学物质急性毒性分级标准,人口服致死量分别是剧毒(0.06g)、高毒(4g)、中等毒(30g)、低毒(250g)、微毒(1200g)和实际无毒(大于1200g)六个等级。也有按照半致死剂量 LD_{50} 对化学物质的毒性分级:极毒(5mg/kg 或更小)、剧毒(5~50mg/kg)、高毒(50~500mg/kg)、中等毒(0.5~5g/kg)、低毒(5~15g/kg)、实际无毒(大于15g/kg)。

几种典型毒剂的毒性比较见表 1-7。

几种典型毒剂的毒性　　　　表 1-7

序号	毒剂名称	呼吸道中毒（mg·min/m³）			皮肤中毒（g/人）
		LCt_{50}	ICt_{50}	PCt_{50}	LD_{50}
1	VX（维埃克斯）	35	5	0.1	0.007
2	梭曼	50	25	0.2	0.1
3	沙林	100	55	0.25	1.48
4	芥子气	1.3×10^3	200	26	5
5	氢氰酸	$(0.7\text{~}2.0) \times 10^3$	300	15	—
6	氯化氰	1.1×10^4	700	1~2.5	—
7	BZ（华兹）	1.1×10^5	110	10	—

表1-7中的数量越小说明其毒性越高。排在前面的1~3位的三种毒剂其毒性都较高,这些毒剂是致死性毒剂。从皮肤中毒的半致死剂量看,这三种毒剂也具有极高的毒性。许多毒剂有着多种中毒途径,但有的毒剂挥发性比较高,比如处于第5和第6位的氢氰酸和氯化氰,半致死剂量和半失能剂量都相差不大,但只能造成空气染毒,所以是通过呼吸道造成人员中毒,这类毒剂不会造成地面的污染,即染毒后没有地面的持久度,属于暂时性毒剂。而第7位的BZ,其半失能剂量和半致死剂量之间相差上千倍,这种毒剂就是典型的失能性毒剂。这类毒剂不以造成人员死亡为目的,而是造成人员的暂时躯体和精神的失能。排在第4位的芥子气是属于多途径、多用途的毒剂,其极小的剂量就能使人员产生中毒效应,且造成人员死亡的量还较大,所以芥子气的使用会造成大量的人员毒伤,并不致死,环境消毒和毒伤人员多种中毒效应的救治会占用大量救援资源。

14. 什么是生物武器？生物武器会有什么样的变化？

生物武器是一类以致病微生物及细菌、毒素等生物战剂,杀伤人、畜和破坏植物的武器,包括装有生物战剂的炮弹、航空炸弹、导弹弹头、布洒器、气溶胶发生器等。生物武器具有巨大的破坏力,它可通过呼吸道、消化道、皮肤和黏膜侵入人、畜体内,造成人员或动、植物感染,甚至造成大量人员生病、死亡,形成大面积疫区,也可大规模毁伤农作物,并可能持续很长时间。生物武器过去被称为细菌武器,通常包括生物战剂、弹药及运载发射工具。

生物战剂种类很多,分类方法也有多种。按致死程度可分为致死性和非致死性的生物战剂。按传染性程度可分为传染性和非传染性的生物战剂。按微生物学特征通常分成细菌、病毒、立克次体、衣原体、毒素、真菌六类。细菌类生物战剂通常有炭疽杆菌、土拉弗氏菌、布鲁氏菌、鼠疫杆菌、马鼻疽假单胞菌、霍乱弧菌、类鼻疽假单胞菌等。病毒类生物战剂有黄热病毒、委内瑞拉马脑脊髓炎病毒等。立克次体生物战剂有贝氏柯克斯体、普氏、立氏立克次氏体等。衣原体类生物战剂有鸟疫衣原体。毒素类生物战剂有肉毒毒素、葡萄球菌肠毒素等。真菌类生物战剂有麦锈病菌、稻瘟病菌、粗球孢子菌、荚膜组织胞浆菌。表1-8是几种外军已经武器化的生物战剂及特点。

几种外军武器化的生物战剂及特点　　　　表1-8

名称	战剂性质	潜伏期(d)	传染性	自然病死率(%)	侵入途径		
					呼吸道	消化道	皮肤
炭疽杆菌	致死	1~7	强	95~100	+	+	+
鼠疫杆菌	致死	1~9	强	30~100	+		+
霍乱弧菌	致死	1~5	强	10~80		+	
土拉杆菌	致死	3~10	强	0~60	+	+	黏膜
布氏杆菌	失能	6~30	无	2~5	+	+	
黄热病毒	致死	2~12	强	5~19	+		+
肉毒毒素	致死	0.5~2	强	15~90	+	+	

生物制剂武器化研究大致可以分为三个阶段:第一阶段为初始阶段,自20世纪初至第一次世界大战结束,主要研制的战剂限于几种人畜共患的致病细菌,如炭疽杆菌、马鼻疽杆菌等。第二阶段是人工制剂阶段,自20世纪30年代开始至70年代末,这一阶段生物战剂种类增多、生产规模扩大,战剂从细菌发展到病毒,这一时期是生物武器使用最多的年代。第三阶段始于70年代中期,其特征是生物技术迅速发展,特别是DNA重组技术的广泛应用,不但有利于生物战剂的大量生产,而且为研制适用于生物战要求的新生物战剂创造了条件,使生物武器进入"基因武器"阶段。

生物武器曾给人类带来巨大痛苦,1971年12月16日联合国第26届大会通过了《禁止生物武器公约》(全称《禁止细菌(生物)及毒素武器的发展、生产及储存以及销毁这类武器的公约》),于1975年3月26日正式生效。主要内容是:缔约国在任何情况下不发展、不生产、不储存、不取得除和平用途外的微生物制剂、毒素及其武器，也不协助、鼓励或引导他国取得这类制剂、毒素及其武器；缔约国在公约生效后9个月内销毁一切这类制剂、毒素及其武器；缔约国可向联合国安理会控诉其他国家违反该公约的行为。

中国作为曾经生物和化学武器的受害国，中国政府和中国领导人多次公开郑重声明，坚决主张全面禁止和彻底销毁生物与化学武器、坚决反对以任何方式向任何国家、实体及个人扩散这类资料。

尽管国际上有《禁止生物武器公约》，但由于生物战剂研究与生物医学研究、传染病防治关系密切，生物武器的研究性核查非常困难。自然界或人工制备的、可以伤害人或动植物的致病微生物及生物毒素，统称为病原体。生物战剂的来源既有传统的生物战剂如细菌类生物制剂（有的已经在第二次世界大战的中国战场被日军应用），也有实验室正在研究的新型病毒，甚至天然疫情地区出现的新型烈性传染病都可能成为隐秘生物战的实验品。美国作为科技最发达国家，并未加入禁止生物武器公约，并在全球几十个国家建有300多个生物实验室，致力推动生物战剂研究向着新型隐蔽致病微生物、提高已知传染病病原体的毒性、提高微生物的生存力、提高微生物对治疗药物和杀菌剂的耐药性、使毒性从病原微生物向非病原微生物转变、增加诊断难度等方向发展。生物危害与其他危害不同的是，一些新的医药研究、人类某种基因缺陷研究或抗肿瘤药物的研发都可能存在着生物技术滥用的风险。考虑到新生物工程技术的快速发展，未来的生物危害风险不仅会更大而且会更加隐秘。

生物战是一把双刃剑，一旦生物战剂被投放使用，使用者会冒着巨大的、疫情难以控制的、广泛的舆论抨击等风险，但生物战又与新发传染病、自然疫情间有着隐秘的联系。因为传染病自古以来就与人类生活如影随形，世界上许多传染病，大部分是人畜共患疾病。某些特定、新发传染病，由于平时人们没有免疫力，一旦在人群中出现就会快速蔓延开来，当前全球肆虐的新冠病毒就是例证。

15. 生物战主要有哪些危害？

生物战剂是指军事行动中用以对人、动物和植物造成杀伤及损毁的致病微生物及其产物。有些生物战剂有极强的致病性和传染性，在一定条件下，可在人口密集区蔓延，造成传染病流行。

生物武器主要有以下特点：

（1）杀伤面积大

绝大多数生物战剂都是活体微生物，有机体只要感染极少量的致病微生物，极有可能因其在体内繁殖而引起疾病，也会因为被感染的动物、植物的迁移流动而使污染面积不断扩大。生物武器的杀伤范围不仅仅只是其分散施放处的面积。生物武器杀伤面积大，危害范围广，造成污染区的消杀和疫区防控都有很大的困难，不仅对军事行动带来严重影响，而且对民众的生产生活、经济运行、贸易及对外交往也会造成极大的障碍。

（2）危害时间长

生物战剂气溶胶本身的有效生存时间通常只有数小时，受各种气象因素以及地形地貌和植被等条件制约而有所不同，对人、畜的危害持续时间白天约为2h，夜间约为8h，有的可长达数天。降落在地面上的生物战剂，由于人员和车辆的活动可能再次形成扬尘，被人、畜吸入仍有造成感染的可能。

在适当条件下，有的致病微生物可以存活相当长的时间，如Q热立克次体在毛、棉布、泥沙、土壤中可以存活数月，球孢子菌的孢子在土壤中可存活4年，炭疽杆菌芽孢在土壤中甚至能存活数十年。1942年英国在大西洋中的格林纳达岛上做炭疽芽孢污染试验，经40余年后再次检查，发现该岛仍处于严重污染状态，迫使英国政府用甲醛和海水将该岛进行彻底消毒并封锁数年。自然环境中有多种昆虫和动物是致病微生物的宿主，可成为传染病的媒介，不少致病微生物能在媒介昆虫体内长期存活或繁殖，甚至传代。例如Q热立克次体能自然感染的野生哺乳动物有7类90种，蜱类70余种，其中有的在蜱类动物体内能存活10年之久。流行性乙型脑炎病毒和黄热病毒可在蚊体内存留3~4个月或更久，有的蚊虫甚至可以终身保存脑炎病毒，啮齿类动物的鼠疫能形成长期的疫源地。

（3）具有传染性

生物战剂的致病能力很强。生物战剂大多是具有高度传染性的致病微生物制剂，在一定条件下高致病性微生物能在人群中快速传播，一旦发生个别病例，极容易在人群中迅速传染流行，不仅可以造成战斗人员因传染病流行而大量减员，还会引起社会混乱，甚至全球性的疫情蔓延。历史上发生过的鼠疫、霍乱、流感，以及近年来的SARS、新型冠状病毒等急性传染病，席卷了全球，给人类造成了巨大的灾难。

（4）生物专一性

生物战剂只对人、畜及农作物有伤害效应，生物专一性的另一表现是有些生物战剂主要对人产生作用，而另一些生物战剂仅对动物或植物产生作用，所以生物战也包括针对动物、植物的杀伤破坏，有时用来打击一国之经济。一份解密的1965年的美国陆军报告文件记载了美军在1961—1962年间研究针对中国和东南亚国家的生物武器，用"手动风箱式喷粉器播洒培养液"，散播稻瘟病病菌，收集实验数据，研究剂量与病菌传播速度的关系。水稻、马铃薯、甜菜等可能是有些国家经济的重要支撑，一旦发生植物疫情，农作物减产将导致国民经济重大损失。因此，破坏敌对国的经济作物，造成一国支撑性经济困难，导致其经济发展迟滞是生物战剂的特有作用。

（5）施放难于发现

生物战剂的另一特点是难以发现。绝大多数生物战剂来源于自然界，人们对自然界中本身就有的一些天然疫情的警惕性并不高，而且生物战剂的使用难以及时发现，需要在同一地区先后有多人感染后，出现类似的症状，有大量人员感染和流行后才有可能触发流行病学调查，一些新发传染病检验手段缺乏，病人症状难辨，不可能快速得到结论，所以当能做出有某种致病微生物出现，有生物战攻击的结论后，可能在社会人群中已经造成了隐匿的传播，甚至有多条传播链条的混合传播、变异后的感染。这对传染病的早发现、早预防、早治疗原则来讲是个巨大的挑战。仅仅从生物检验过程来看，生物战剂的检验难度也比化学毒剂和放射性物质复杂、困难得多，对技术人员的素质与实验条件的要求也高。

（6）使用成本低

微生物培养材料来源广泛。现代发酵在工业中已经得到了广泛应用，关键技术、生产工艺和控制设备等问题早已得到解决。

正是由于以上特点，生物武器的杀伤力强，而更为强大的威力是生物战与生物恐怖袭击的心理效应，由于生物致病性的不确定性及可能引发的致病、致死风险，仅仅散布虚假生物威胁信息就可能造成民众的心理恐慌，甚至发生经济崩溃、社会动荡。正是如此，生物战及生物恐怖袭击可能成为某些国家、组织胁迫某个组织、政府甚至国家达到其险恶目的的手段。

第 2 章
人防工程防化设计常见问题

2.1 人防核生化防护概述

16. 民众如何防护核武器的袭击及核辐射的伤害?

核武器是迄今为止杀伤力最大的武器,有良知的科学家都认为核武器本不应该被制造出来。以美、苏为首的两个超级大国曾为争霸世界,一度陷入了核军备竞赛的泥潭不能自拔。时至今日,世界上现存的核武器巨大库存仍是常规战争的战略威慑力所在。推动全球走向一个和平的、无核世界是中国作为有核大国的责任担当,但是在这一漫长的过程中,民众仍需要学习有关核防护的知识。

(1)地下掩蔽部能提供较好的放射性屏蔽

通过核爆炸的杀伤破坏作用可知,对核袭击的防护大体上可区分为对核爆炸瞬时杀伤因素的防护以及对其延时杀伤因素的防护。由于核爆炸后,在放射性沾染界面到达的瞬间,云迹区最危险沾染区的辐射剂量率可达每小时几十戈瑞,暴露在地面上的人员受到的照射剂量可达上百戈瑞,所以在这一地区的人员只能在辐射削弱倍数接近 1000 以上的工程内停留。不同的建筑物和车辆对地面辐射剂量削弱倍数见表 2-1。

受染地面辐射剂量削弱倍数 表 2-1

不同情况下的辐射剂量削弱倍数		削弱倍数 K
	汽车	2
掩蔽物	未经过消除的露天掩体、堑壕	3
	经过消除的露天掩体、堑壕	20
	有盖的掩体堑壕	40
木质房屋	一层	3
石砌房屋	一层	10
	二层	20
	三层	40
	多层	70

续表

不同情况下的辐射剂量削弱倍数		削弱倍数 K
地下室	一层房屋	40
	二层楼房	100
	多层楼房	400
掩蔽部		1000

从表 2-1 可知，尽管车辆、房屋、掩体都能提供一定程度的辐射防护，但是相对其他建筑物提供的辐射削弱值，能为需要连续停留在沾染区的人们提供最好防护的还是专门建设的地下掩蔽部。

（2）外出活动人员控制时间，并使用呼吸道及皮肤防护器材

在放射性沾染到达地面时，地面的辐射剂量率会增加，同时近地面空气层中的放射性物质的浓度也在增高。在放射性灰尘沉降带中心通过时放射性浓度会达到最高峰，然后在沉降后期逐渐减弱。人们需要外出时，一定要避开高放射性浓度落尘通过本地区的时间，且需要注意减少地面扬尘量。当大的放射性粒子降落的同时，人员直接通过呼吸道吸入的放射性物质并不多，直径超过 100μm 的粒子难进入人员的呼吸器官。如有车辆行驶或有地面扬尘的施工时，人员会受到地面扬尘造成的二次沾染，无防护人员会通过呼吸道吸入放射性粒子，而进入人体后的放射性粒子会形成内照射，对人员的伤害更大。

物体表面的放射性沾染程度通常用沾染表面附近的 γ 射线剂量率来判定，也可用一定面积或一定体积下单位时间内的核衰变数来判定。各种物体表面沾染的最大允许量见表 2-2。

各种物体表面沾染的最大允许量　　表 2-2

名称		剂量率（mGy/h）
人体表面		0.2
衬衣		0.2
防护面具的面罩		0.1
服装、鞋子、个人防护器材		0.3
技术装备器材		2
工程建筑	内表面	1
	外表面	5
船舷		10

（3）及时消除放射性沾染，降低地面剂量率

各种原因造成核电站破坏或破损，放射性物质泄漏导致的地面沾染与核爆炸不同。如果是常规武器袭击核电站造成核反应堆破坏，泄漏出的放射性核素数量和成

分取决于反应堆被破坏的性质，反应堆功率、燃料过载方式和最后一次过载后的时间，其核素和成分也不同于核爆炸。反应堆里长寿命的放射性核素比较多，沾染地域的放射性衰变时间要长许多，即剂量率下降比较慢。如式（2-1）所示。

$$P_\mathrm{t} = P_0 \left(\frac{t}{t_0}\right)^{-0.5} \quad\quad\quad (2\text{-}1)$$

式中，P_t 和 P_0 是反应堆破坏后，t 和 t_0 时间之前地面 γ 射线的剂量率。

无论是核爆炸还是严重的辐射事故，战时来自沾染地面的外部 γ 照射是人员伤害的主要因素，及时进行放射性消除，降低地面的剂量率是减少辐射的重要内容。

放射性烟云会上升到一定的高度，可能达到几百米，但烟云中的微小放射性粒子沉降速度极慢，会随风飘散到几百甚至上千千米以外的空间，沾染区一旦形成，其面积随时间的变化并不显著。

17. 民众如何防护化学武器的袭击及化学污染的危害？

有毒物质通过吸入、食入、接触皮肤黏膜吸收等途径进入人体，进而对人体产生危害，因此，对有毒物质污染防护的最根本措施是防止污染物通过各种途径进入人体。战时：

一是掌握污染信息。了解化学武器或其他化学污染物危害的范围和程度，这类信息是通过城市人防或其他应急部门侦察得到，广大居民只要关注人防专业部门发布的信息，就能及时得知污染的种类、污染程度及染毒云团通过的时间等，从而及时回避污染。

二是视情选择防护方式，个体防护与集体防护相结合。在不能回避的污染区域，居民可以提前根据预警，进入密闭性能良好的人防工程，最大程度地得到防护。如果居民仅处在毒氛云团传播区，利用自己家居室的密闭性也可以得到一定程度的防护，前提是居室关好门窗，必要时对门窗和对内外可能通气的孔口提前用密闭胶条进行封堵。如果只是在污染区的上风方向，距离污染区域有一定的距离，则应减少外出活动，尽可能避开可能的染毒空气。如果不能回避污染区，或需要在污染区内停留一段时间，进行必要的消防、急救、抢险救灾活动，则应该进行必要的呼吸道和皮肤防护。个人防护器材可以根据情况自行选择。对在高污染区域活动的人员需要选择防护等级相对高的防护器材，而在低污染区活动的人员只需要进行一般的呼吸道防护和手部、足部的防护。需要注意的是防护器材的使用具有一定的时间限制，而且使用的方法也有相应的要求，民众在使用个人防护器材时要根据需要，如污染程度、防护部位、防护时间等因素综合考虑。

三是及时消毒。所有接触过有毒污染物的用品都要进行消毒，消毒方法根据物品的种类进行选择。个人防护用品如果是一次性使用的，则要包装密闭好，在外表面标注上"已污染"，投放到社区或区域内指定的投放点密封保存，待集中销毁。其他可重复性使用的物品，根据其材质，选择消毒剂浸泡、沸水煮沸、酒精擦拭等方法，对疑有空气染毒的衣物可以用阳光暴晒、通风放置待其挥发。化学污染，一定要明确是什么种类，性质，根据毒剂、毒物的挥发性，对人体的毒性大小等情况采取不同的方法消毒。如果人员有毒伤或皮肤染毒，则要立即进行快速的消毒处理，视情况送专业医疗机构救治。

18. 民众对生物武器和传染病防护应关注哪些问题？

已经肆虐全球近三年多的新冠肺炎疫情使得全球的经济、政治、社会文化及人们的生活方式都受到深刻的影响。实际上对生物威胁的防护是未来全人类最应关注的问题之一。无论是不明原因的疫情大流行还是有据可查的生物武器袭击，造成传染病流行的基本对策还是使用疫苗、加强防护以及保持良好的卫生习惯。

早期的生物战剂都是自然界中原本就有的致病微生物，只不过是被战争狂人用于作战使之武器化。作为生物战剂病原体，其引起的疫情和自然疫情有着以下相同之处：

一是有传染性，初期致病隐蔽。作为生物武器其使用的起始量很低，但经一代代的传染，会有越来越多的人或动、植物发病，这就导致了如果真的是生物战剂袭击，一旦发生大面积的人、畜、农作物患病，可能对传染病防控已经过了最佳时机。

二是对一些人畜共患疾病，常常难以根除。由人传染动物或是动物传染人的病至少有40多种，如鼠疫、鼻疽、炭疽、布鲁氏杆菌病、鹦鹉热、口蹄疫、东方马脑脊髓炎、西方马脑脊髓炎、狂犬病等。一些对人员防护行之有效的办法，对动物，特别是野生动物并不有效，而疫苗也只对极少的家畜、家禽有效。

三是病原体能长时间保持传染性，如通过感染的病人、动物对周围环境造成污染。在人体和动物体内及体外（食品、水）繁殖，表现为无病症的人和动物受染者都可能成为长期的传染源。

四是快速定性难。作为特定的病原体，只有为数不多的专业实验室才能鉴定。这不仅要求专业实验室具有极高的防护水平，还需要专业的实验设备、研究人员以及专业数据库，所以很难在传染病一开始流行就迅速侦检出来。

五是人的行为方式对疫情的传播有极大的作用。因为传染病会在潜伏期内随着交通工具、人员流动与物资流通交换而快速扩散传播，反之如果及时得知疫情的相关信息，迅速阻断传染链条，病原体的传播就会中断，疫情就只在小范围内传播，最终得到控制。

六是人与动、植物对病原体都有一定的抵抗力，不是所有接触者都100%感染和100%出现症状（见表2-3），无症状的感染者在一定程度上的危险性也很大。

无论是生物战剂袭击还是自然疫情传播，早期的防御措施是有效的，关键是防御措施采取的时间、规模和方式。这就依赖于早期侦检、预警的作用，传染病防控的三个要素是控制传染源，快速查出感染者，治疗好患者，控制住有感染而未出现病症的人；切断传播途径，针对病原体的传播方式去阻断，保护呼吸道和防止手口传播；保护易感人群，对健康状况差的人员及时采取保护性措施，提高免疫力。

影响生物危害传播的不外乎是病原体种类、发生地的卫生状况、防护方法、卫生习惯、人群的健康水平以及当时的季节和气象条件等。

各种病原体感染和患病的人员比率　　表2-3

病原体	无防护居民感染比率（%）	感染后患病人员比率（%）		
		无预防措施	使用疫苗	使用疫苗和抗菌素
炭疽	53~55	55~60	15~20	1~2
土拉菌病	51~52	75~80	5~8	个别情况
鼠疫	70~80	80~90	50	个别情况
鹦鹉热	35~60	40~50	40~50	1~2
黄热病	55~60	70~80	5~8	5~8
Q热	52~53	75~80	5~8	1~2

如果城乡卫生水平下降、人员紧张、疲劳、抵抗力下降，表2-3的数据会变动。对于生物疫情防护，民众要做到：

一是应理解生物威胁和大规模疫情是国家安全问题，国家在战略层面上建有生物防护信息网络，对各地出现的疫情变化有不间断的监测，对各种烈性传染病都在各地疾病控制中心有直报系统，保证在规定的时间内上报。而且政府各部门间，如公安、海关检疫、疾控中心、危险品管理中心、农、林、牧、渔业、职业病防治等，都有信息互通，军地之间也有信息交流。

二是知道各地方政府在相关部门建立了应急队伍，能根据预案采取相应的行动，包括在基层社区也有相关管理与卫生防疫人员的活动，全民防疫是控制疫情的基础，每个人都有义务阻断疫情传播。

三是对生物威胁与传染病的监测、检验、鉴定，以及早期疫苗、抗菌素的治疗药物研发一直没有放松，要相信科学。

四是由于生物防护是全国、全民的行动，所以对民众来讲，首先要有生物威胁的意识，对各类传染病保持高度警惕，了解所在地区生物威胁或传染病的情况，遵守防疫政策，知道自己所处的地区是属于污染区、疫区等高风险地区还是相对威胁等级低的地区。知道本地区生物防护的短板弱项，如人员密集、卫生条件差、潮湿、阴冷、少阳光、不通风、多蚊虫、疫苗注射人群比例不高等。其次，关注和学习传染病预防知识，做到主动防护，包括加强防疫、注射疫苗、加强营养与锻炼、提高免疫力等。养成良好的卫生习惯，勤洗手、少扎堆聚集，做好个人防护。生物威胁会由于人员感染、死亡造成社会性心理恐慌、日常生活秩序崩溃、国民经济水平下降，影响到贸易、供应链、物流等，造成连锁效应。民众的生物防护还包括不信谣、不传谣、不抢购，管好自己和家人，保持冷静；配合政府的防疫政策，最终战胜疫情；并为新疫情到来做好物质和精神的准备。

2.2 工程防化原理

19. 什么是人防工程防化？

人防工程是专为战时民众防敌空袭而事先建造的地下防护建筑物。人防工程可在敌核生化袭击条件下，用于保护城市人防指挥机关、掩蔽人员、保护城市重要生产生活物资和资源、战时人员的医疗救护、维持战时民众防护的指挥通信稳定，是人民防空保护民众生命财产安全的重要措施之一。

人防工程防化是指利用人防工程的安全稳定、可靠的结构，配套一定的防化设施设备，采取各种技术、管理措施对核生化袭击导致的化、生、放（CBR）伤害因素实施防护，即保护工程内的人员免受毒剂、生物战剂气溶胶和放射性灰尘伤害所采取的综合性防护措施。

人防工程的防化水平是通过风险分级、危害分类、防护分阶段来落实的。人防工程防化问题不仅是工程本身，它与工程所处的地域，工程当前的核生化风险样式、工程的防化效果与工程的使用情况密切相关。人防工程防化不只是指工程具有防化设施设备，而是一个集工程防化设计、工程设施设备运行保障和工程防化管理为一体的活动。也就是防化效果好坏要落实在工程的建、管、用的各阶段，任何一个阶段，任何一个环节的防化保障不达标，工程防化效能就不能达标。

20. 人防工程的防化性能包括哪些方面的内容？

人防工程的防化性能是以工程防化设计满足其战术技术要求，通过建筑、结构、通风、水、电、控制和通信等专业设计以及合理的设备选型、施工等使工程达到的一系列技术指标，并在防化保障人员参与下可实现的预定核生化防护功能。人防工程防护（防化）特性是其区别于普通地下工程的标志。

工程防化性能是对人防工程防化要求的体现，即要求一定等级的工程在功能上满足相应的战术技术指标值，应有核生化危害因素的报警监测感知性能、达到一定的抗力和密闭性能（达到预定的隔绝防护时间）、过滤式防护性能（滤毒风量、滤毒器的防护剂量等）和人员出入保障的洗消性能等。

评价一个工程的防化性能高低不仅看该工程要求和设计能达到其战术技术指标的程度，还要看工程在实际使用过程中防化设施设备以及对人员与设施运行的管理水平。

21. 什么是人防工程防化设施？

人防工程防化设施也称为"人防工程三防设施"，是使人防工程中的人员免受毒剂、生物战剂和放射性灰尘伤害的设施、设备及器材的统称。通常包括工程隔绝气密设施、滤毒通风设施、人员进出保障设施、工程及人员洗消设施、化验设施，以及工程防化报警、监测、控制设施等。

人防工程防化设施水平，可以用工程隔绝防护时间、过滤防护时间、内部空气质量、在沾染条件下保障人员出入的能力、防化信息监测报警水平、设施运行的信息化控制程度，以及工程在遭袭后的性能恢复能力等指标表示。不同等级的人防工程其防化要求有差别，配备的防化设施类别和数量亦不同，可粗略地以工程防化等级表示工程的防化设施水平。

22. 人防工程防化设施齐全是否就意味着能实现全部工程防化要求？

人防工程具备良好的防化性能并不等于能实现工程的防化效能。工程防化效能是指人防工程在保持其设计性能指标的基础上，经合理使用，在预定的袭击背景下，满足人员战时待蔽、勤务活动需要的状态水平。它与工程防化设施器材配合配套程度、工程应急预案完备程度、工程各类信息获取水平、工程使用保障组织水平及保障训练水平相关。

工程防化效能可以简单理解为，在工程防化设施性能完好的前提下，工程能在预警时间内保证预定的人员进入工程实施安全掩蔽，在整个待蔽时间内，能够防护预定的有毒有害气体，人员生存待蔽环境满足人员在防护时间的安全要求，不仅无明显可见的不适，而且能完成其预定的任务。可见，工程防化效能的实现依赖于工程良好的防化性能、防化设施器材的配套，但更要有经过专业训练的人员实施的防化保障活动，以保证工程的防化设施设备能够正常、适时运行，工程内部的活动及少量人员临时出入工程等，也不会对工程内的空气及待蔽环境产生显著影响。要想实现以上效能，不仅工程防化设施设备应能有效运转，同时工程必须要根据内外核生化危害因素变动情况，采取科学合理的工程内外活动管理，即内部待蔽人员也要在工程掩蔽活动中予以配合，以保证工程防化系统效能充分发挥。

23. 什么是人防工程防化保障？

工程防化保障也称工程核生化防护保障，是防护工程在核生化威胁环境下，为保障其能处于正常或接近正常的运行状态，完成既定的战时掩蔽、勤务和指挥功能，由工程内的防化工作人员根据相关信息，而采取的一系列技术与管理措施的活动。

核生化武器的攻击和放射性物质、化学、生物病原体是工程内人员安全的重大威胁。工程核生化防护保障的核心任务就是对有关核、生、化、放信息的收集、确认、分析和利用，为工程防化保障对策服务。工程核生化防护保障工作围绕着及时获取工程受到核生化武器威胁与危害的信息展开。工程防化保障的任务包括查明并报知工程遭敌核、化学、生物武器袭击及其危害情况；实时地监控工程防护状态；探查、监测工程内部受染和空气品质；适时组织对工程口部和受染人员的洗消，指导进出人员的防护行动等。工程核生化防护保障的使命是确认核化生放污染信息后，做好工程应对这些袭击或危害的准备，并通过及时的状态调控完成危害的应对，即通过对工程任务及当前态势的分析，形成工程核生化防护对策，进而运用工程技术措施与人员组织行动措施来降低危害，保障工程内人员安全、设备的正常运行。

24. 什么是人防工程防化设计？

人防工程防化设计是落实工程的战术技术指标，遵循《人防工程防化战术技术要求》《人民防空工程防化设计规范》等标准要求，以保障工程战时防化功能为目标而进行的技术工作。具体指为保证项目建设的人防工程具备一定程度的防化功能，即防核生化武器毁伤危害或战争中导致的次生核生化危害因素对人防工程内部人员的影响，而进行的一系列专业设计及建设的安排工作。它涉及建筑设计、结构设计、通风空调设计、给排水设计、发供电设计、报警与控制设计、监测设计和通信系统设计以及需要一次性装修设计等相关内容。

人防工程防化设计的内涵是要求各专业设计人员根据工程平战两个阶段的功能、要求的等级，考虑工程选址，周边环境等因素，依据工程的战术技术指标和相关的建筑设计规范，事先进行一系列相关专业设计及建设安排活动，包括对防化设施设备的选型与安装要求，并通过专业的图、文、符号进行的表达与标记。人防工程防化设计是落实工程的战术技术指标，以保障工程战时防化功能的基础性工作。

25. 人防工程防化设计有哪些基本原则？

工程防化设计通常以防护分级、功能分类、污染分区的原则来落实工程防化要求，为实现这个原则有必要明确以下关键内容。

（1）明确工程防化要防的主要危害因素的种类。根据工程所处的地域，如果是在空袭打击的重点地区或在重点目标危害范围内，首先，按照目标遭袭可能产生的毁伤危害重点考虑需要防护的危害因素与程度。高毁伤概率的工程，其抗力等级、防护性能以及配套的防化保障程度都会高，工程本身要通过防护及防化性能的分级来对应工程的风险等级。其次，考虑工程受到的危害因素是否有辐射以及化学污染，因为，防化学与防辐射对工程有不同的要求。尽管工程是通过密闭隔绝来阻隔有毒有害气态物质对工程的渗透，但是如果处于较高剂量率地区，对于射线防护要求自然也越高，这不仅体现在工程的密闭隔绝性能上，也应反映在工程围护结构的质量密度上。工程对外照射的防护必须靠一定厚度的墙体材料对入射能量进行屏蔽。同时，工程的不同入口样式对外照射防护效果也会有所差别，坑口越小，出口处拐弯越多，防外照射防护效果就会越好。

（2）明确工程内人员生存生活保障需要达到的程度。至少可划分为满足基本生存条件、满足基本工作条件和满足战时人员作业能力不下降等不同层次。如果只满足人员基本的生存需要，二等人员掩蔽部就能达到此要求，如果要满足人员作战能力保持的要求，则需要更高等级防化保障，对于内部设备、保障技术要求则相差很多。

（3）考虑城市污染特点分类设置防护。对人防工程防化设计来讲，通常只考虑根据工程的核化种类和污染防护程度进行相应的计算。但由于城市化学污染环境的特点，防化学性危害并不是主要防沙林毒剂的袭击。当前工程内配备的过滤吸收器是以沙林毒剂为代表物进行防毒实验评价的，但是实际上城市化学污染需要防护的极可能是大量工业有害气体。工业有害气体种类繁多，且一旦泄漏会浓度较高，过滤吸收器直接滤除未知工业有害气体可能存在着巨大的风险。由于过滤吸收器能防的有毒蒸气种类有限，对大量的工业有害气体可能防护时间极短，即使是能防护的物质种类，滤器的吸附容量也是有限的。

（4）全面考虑工程内外的污染情况。在大量人员待蔽环境下，工程内部有害气体的产生与内部人员的活动强度成正比，与内部人员的管理水平成反比。如果人员需要在工程内长期待蔽，在人员密集情况下，空气品质会快速恶化，微生物滋生、传染性疾病等情况会出现。

（5）理解城市人防工程防化特点。部分人防工程处于城市地下管网中，全工程网络中当局部遭到爆炸、化学袭击等情况发生时，会产生局部危害、整体影响。地下通风不良的环境，也会造成短期污染、长时间影响的情况。工程自身与所处环境要统一考虑，明确大型工程网络结构可能导致的风险危害，以及来自不同人群流动与管理方面产生的风险。

总之，人防工程的防化设计原则是关注地域风险特征、明确危害类别程度和工程使用要求，通过针对性地防化设计与使用，保障形成工程防护效果。

26. 哪些因素决定人防工程防化安全性？

人防工程的防化安全性是指人防工程的设计、施工、设备安装、设施设备使用环节所赋予工程的防化性能是否能发挥其预定作用的水平，它由多种因素决定。

首先是工程的设计、施工等满足工程功能与等级相应的设计规范要求，以提供工程防化保障的物质基础。

其次是工程防化保障实施水平。工程的防化安全性与工程的防化保障水平密切相关，一个设计施工合格的工程，不等于就具有了防化安全。工程相关防化信息获取和信息研判、工程整体防化设施运行、工程内部空气品质监控、人员出入时机与洗消过程控制、洗消标准的掌握，甚至内部人员的活动状况和管理水平都会影响到工程最终的防化效能。

27. 在防化设计中重点考虑哪些因素以保证工程对核武器毁伤效应的防护？

人防工程对核武器的设计重点考虑以下几点：

（1）考虑一次核武器袭击的防护，人防工程能防御预定的核爆炸地面冲击波、光辐射、早期核辐射和放射性沾染等的破坏作用（针对防化乙级及以下工程一般不考虑防核电磁脉冲）；

（2）人防工程的围护结构能具有足够的抗力满足抗核爆炸所产生的动荷载和建筑物倒塌荷载的强度要求，其围护结构（含复土层）有足够的厚度，以削弱早期核辐射，其透射后的剂量不得超过规范 GB 50038—2005 中表 3.1.10、3.2.2-1、3.2.2-2 以及 3.3.11、3.3.12、3.3.13 等不同结构样式透过剂量要求；

（3）工程能阻挡冲击波的破坏作用，防化乙级及以下工程的人员出入口应设一道具有抗冲击波和密闭功能的防护密闭门，战时进排风（烟）口应设消波装置，专供平时使用的出入口、通风口和其他孔洞有临战前快速封堵的设计；

（4）工程的密闭性能保证放射性灰尘不侵入；

（5）工程的防尘、过滤系统能有效滤除放射性灰尘；

（6）根据工程等级，有核爆炸及放射性到达的监测、报警设施以及剂量监测和放射性检测的装置；

（7）根据工程等级，有放射性沾染洗消设备及洗消彻底程度检查装置；

（8）有核电磁脉冲防护需求的工程，防护门、进入工程的电缆及信号线缆有电磁屏蔽、滤波等防核电磁脉冲的措施。

28. 在防化设计中哪些设计体现工程对化学及生物武器和放射性沾染的防护？

防化设计要实现化学武器、生物武器和放射性沾染的防护要求，关键是以多重设计来实现多种措施手段防止核生化污染物进入工程内室，避免或减轻核生化污染物对人员的伤害。重点落实的防化设计有：

（1）工程有合理的平面布局，保证染毒区、允许染毒区和清洁区分区严格，各区界限清晰，内外密闭线闭合，人员出入行动路线清晰；

（2）保证全工程防护等效，反映在各孔口上，其气密效果要一致。人防工程的人员出入口部应设置等效的防护密闭门和密闭门，防毒通道（或密闭通道）的数量应该满足要求。清洁式进、排风系统上，设置的密闭阀门（一般为两道）也要等效。各专业穿过防护密闭隔墙和密闭隔墙的管孔，必须设置可靠的密闭措施。

（3）气密性可靠，性能可检测、监测。主要出入口、防毒通道有超压检测位置，全工程安装工程超压监测控制装置。

（4）全工程防化系统、设施设备位置合理，性能可靠，方便操作又不影响人员行动。

（5）在核生化污染条件下，内部空气质量满足指标要求，在有人员掩蔽的工程满足人均新风量和全工程的除尘、降湿、降温要求。在防化设计中重点对人均通风量、二氧化碳允许浓度、有害气体种类、浓度和温度、湿度控制等参数进行校核。对工程的进风、除尘、滤毒送风以及排风系统进行重点设计，过滤吸收器选型、安装及检测应满足要求。

（6）在核生化污染条件下，有人员掩蔽的工程具备人员安全出入的保障能力。主要人员出入口设置洗消间（或洗消区域、位置），工程防毒通道换气次数、超压排风满足要求。人员出入口的防护门及防护密闭门、密闭门等都方便开启，减少外部污染空气带入量。工程口部有满足要求的洗消措施，能保证方便展开战时及战后的洗消活动。

（7）工程内外的信息联通及全工程的防化信息监测报警侦察满足工程防化要求。除设置相应等级要求的外部核化信息报警、监测、检测设备外，还应有工程内部有害气体检测、漏入毒剂监测等设备及防化人员操作位置，以及相应设备器材的放置区域设计。

（8）与工程信息监测报警相联通的全工程密闭、通风及防护状态快速转换设备及运行监测控制系统。

（9）有人员掩蔽的工程应在重点区域设置全工程防化相关信息及防护状态、内部空气品质等数据的显示系统，以指导人员的安全行动。

29. 人防工程的防化要求有哪些？

（1）隔绝密闭要求

人防工程防化的设计、使用、管理都要使工程具有基本的密闭隔绝性能。工程的隔绝在建筑上通过全部孔口，包括连通口、人员出入口、通风口、通信线路和压力测量管线穿墙孔等的密封和工程由外向内逐步封堵的办法实现。平时工程使用中的密闭性与竣工验收时相比可能发生变化，不管如何改变，临战平战转换期间，都要认真做好密闭工作，达到规范规定的密闭要求。

（2）防护通风要求

通风是保持室内良好空气环境、保持适当超压、排除可能漏入、带入的染毒空气，调节温湿度、减少有害气体浓度、保证室内空气质量的有效手段。根据工程战时需要，应能实现以下通风方式，即预警之前的清洁式通风，警报拉响之后转入隔绝式防护状态下的工程内循环通风（隔绝式通风）和在工程到达隔绝防护时间或隔绝居住时间后启动的过滤式通风；以及在外界染毒条件下，有人员出入时能够进行过滤式通风使室内超压和防毒通道得到换气等。

（3）内部空气品质保障要求

工程长时间处于隔绝防护中，产生的废气，如二氧化碳、一氧化碳、氨、硫化物等浓度会持续上升，同时工程内的氧气含量也会下降。在时间长、人员多的情况下，空气质量的恶化会对人员产生不同程度的影响，如胸闷、烦躁、头痛、气喘、易怒等。如果湿度、温度高、光线差，可能影响到内部人员的身心健康和安全待蔽行动。

工程内的有害气体种类很多，大量数据表明密闭空间内人员患呼吸系统疾病的比率会显著增高。在工程内部多种有害气体并存的情况下，空气品质一般以二氧化碳浓度和氧气的含量表示。工程设计时，需按规范标准设计有害气体（除二氧化碳、一氧化碳外，还有甲醛、苯、氡、可吸入颗粒物和细菌微生物）的监测和控制措施，使室内空气成分在规定的范围内。

（4）工程洗消要求

洗消是消毒、消除的统称。工程消毒有多种形式，消毒不一定用到水，如染毒情况下，人员出入时一定要进行通道的排风，这其实是对防毒通道进行的排风换气，以减少可能带入工程的毒剂量，这也是一种形式消毒——空气消毒。当人员进入工程时，可能有放射性沾染，人员要通过几个步骤把沾染的放射性灰尘尽量擦拭掉，最大程度地避免将放射性尘埃带入工程；最后在淋浴间中进行清洗，达到允许的沾染剂量以下才算是洗消完成。这个过程有干法消，局部消，也有湿法消，全身消。洗消是个多形式、多步骤、多方法的过程，工程的等级不同，采取的洗消方法也不同，当然洗消设施完善才能有效应对各种情况。

（5）防化信息报警、监测、检测要求

工程的防护状态取决于工程能否及时获得当时的核化威胁与危害信息。工程的核、化报警器是获得上述信息的一种装置，此外，工程内还有监测漏入毒剂、内部产生的有毒有害气体的监测器材，以及氧气含量变化的监测、检测器材等。这些监测、报警器材可以提供这个工程在战时运行中的一些安全预警信息，大量的防化乙级以下的工程，可以根据所在地域核化污染监测情况，通过通报方式，将危害预测信息传递给工程，以实现工程的防护。

（6）防化运行控制与管理要求

工程的防化性能是否发挥作用，由多因素决定，其中最后一个环节就是工程的使用管理与整体控制。工程防化控制可以理解为利用工程已经有的防化设施与装备器材对工程防化状态的调整，也可以理解为对工程内部人员活动的调控和管理。如在工程设计上，只能提出工程具备应急通信能力，至于通信中包含的信息内容，人员管理要求等则是工程战时使用的问题。

总之，工程防化要求是对工程在受到化生放危害时应具备的防护能力的设想，防化设计是对所设想的工程面临的化学、生物和放射性危害所要达到的防护保障程度的体现。不只是计算工程的过滤吸收器、能滤除物质种类和数量及工程通风量大小、需要的淋浴喷头数量等具体工作。

30. 为什么不同类别的工程防化要求不同？

人防工程的种类较多，按照战时使用功能区分就有指挥防护工程、医疗救护、专业队工程、人员掩蔽工程、物资库以及其他配套工程等。

由于工程所处位置地域、工程功能等因素的不同，工程面临的风险威胁也不同，不同类型工程防化等级也往往不同。

从工程的等级看，通常高等级工程可能遭受的袭击风险会更高，要防护的化生放危害因素的种类与程度也就更高。

从工程的功能看，有人员掩蔽的工程在空气质量保障水平上就要求有一定的新风量，而物资库则不同。单纯的人员掩蔽部与指挥、医疗、人防专业队工程中的人员以及重要经济目标的关键岗位人员，其要求的空气保障程度也不同，原因并不是这类人员更重要，而是不同的作业类型和强度使内部环境产生的有毒有害气体种类和量级不同，对有害气体和空气温度、湿度的保障要求也不同，这一点仅仅从工程的隔绝防护时间上也能看出。

31. 什么是工程头部？它与工程口部有什么区别？

人防工程的口部通常指的是工程的第一道门以外的区域，这个区域是工程建筑主体与地表面的连接部分。

工程的头部通常指的是最后一道密闭门以外的区域。可见，工程头部的区域包括了工程口部区域，用头部这个词是为了包括更大的区域。可以形象地说，一个人的头部自然也包括了其口部。在工程设计中经常看到对工程口部和头部防化提出的不同要求。但是应注意，有的设计中对这两个区域并未细致地加以区分，以至于指称的口部其实可能是头部。

2.3 工程防化要求的实现

32. 什么是工程隔绝防护时间？

工程的隔绝密闭要求以隔绝防毒时间表示。隔绝防毒时间是指工程处于外界染毒环境中，从工程与外界隔绝开始，到外界染毒空气透入工程最后一道密闭门内达到所规定的阈剂量时所经过的时间。

由于任何一个工程都不可能做到"密不透风"，工程在一定的内外压力差下，受染空气总会通过各种材料和结构孔缝漏入、渗入工程内，时间越长，在一定压力差下，漏入工程的受染空气量就会越多，尽管这一过程中，还会有从工程漏出的量，但最终形成工程内的染毒浓度会越来越高。工程内空气从受染浓度为0到受染浓度接近工程允许的危害人员浓度（不大于允许浓度），这段时间就是隔绝防毒时间。

不同等级的工程，隔绝防毒时间要求不同。高等级工程要求的隔绝防毒时间长。由于人员对毒剂的允许剂量阈值相同，而剂量等于浓度与时间的乘积，因此，规定了工程的隔绝防毒时间就相当于规定了工程的允许浓度。

工程的隔绝防毒时间是工程气密性的标志，在防化设计上，工程的气密性是用一系列密闭措施保障的，但最终的控制性指标是隔绝防毒时间。

隔绝防护时间是个综合性指标，它是隔绝防毒时间与隔绝居住时间两者比较后，取两者间较短的那个值而得到，即如果隔绝防毒时间小于隔绝居住时间，则隔绝防护时间等于隔绝防毒时间，反之亦然。

33. 什么是工程的隔绝居住时间？

隔绝居住时间是指从工程与外界隔绝开始，到工程主体内空气中的二氧化碳浓度达到工程的最高容许浓度时所经历的时间。

在人防工程设计中，隔绝居住时间要与工程中待蔽的人员数量建立联系，假设人员产生的二氧化碳速率是固定值，单位面积的人员数量控制在一定量以下，就可计算出设计的工程其隔绝居住时间。这个值其实要与工程的隔绝防毒时间相互校核，以确定设计的工程是否满足该等级规定的隔绝防护时间指标。

实际运行时，工程的隔绝居住时间其实是工程使用过程中的一个变动量极大的值，工程的隔绝居住时间与每人占用空间体积和掩蔽人员的活动状态相关，在人员数量一定的条件下，人员活动状态决定二氧化碳浓度上升的快慢，即居住时间的长短，参见表2-4。

从表2-4中可以看出，处在不同工作状态的人，所呼出的二氧化碳量和消耗的氧气量是不同的。睡眠和休息状态的人，每人每小时呼出16L二氧化碳。可是从事体力劳动的人，每人每小时要呼出50~100L二氧化碳，而耗氧量也相应增加。同样大的空间体积，睡眠和休息的人生活五小时，劳动着的人只能生活一小时，所以在人防工程中的掩蔽人员，除非必要，应减少活动。

所以，一个工程应用得好坏，与掩蔽人员教育训练水平和组织领导息息相关。

人员工作状态与耗氧量及呼出 CO_2 量的关系　　　　表2-4

工作性质	呼出 CO_2 量 [L/（h·人）]	耗氧量 [L/（h·人）]
睡眠（安静）	16	20
一般脑力劳动	20~25	25~30
紧张的脑力劳动	30	35
不同程度的体力劳动	50~100	60~120

实测表明，一般 CO_2 浓度上升1%，O_2 含量相应地下降1.15%~1.20%。CO_2 和 O_2 浓度变化对人员的生理影响，参见表2-5和表2-6。

因此，为满足掩蔽人员正常生活，需要通风换气，或通过生氧装置及二氧化碳消除装置（两者可能为一体化装置，如基于超氧化物的生氧装置可以在生氧的同时消耗控制二氧化碳）来保障氧气的供应并控制二氧化碳浓度。

CO₂ 浓度增加对人员的生理影响　　　　　　　　　　　表 2-5

吸入空气中的 CO_2 含量（%）	在标准大气压下的影响
0.03	常态空气
0.05	8h 内无有害影响
1.0	呼吸较深，肺换气量稍微增加
2.0	呼吸较深，肺换气量增加 50%
3.0	呼吸较深，不舒服，肺换气量增加 100%
4.0	呼吸吃力，速率加快，相当不舒服，肺换气量增加 200%
5.0	呼吸极端吃力，剧烈头痛，恶心，肺换气量增加 300%
7.0~9.0	容忍限度（个别人可能发生昏迷）
10.0~12.0	瞬间失去知觉
15.0~20.0	症状增加，时刻有致命危险
25.0~30.0	呼吸减少、血压下降、昏迷、失去知觉，时刻有致命危险

氧气不足对人员的生理影响　　　　　　　　　　　表 2-6

吸入空气的含氧量（%）	在标准大气压下的影响
21	常态空气
17	没有不利的影响
15	没有直接有害的影响
10	眩晕、呼吸短促、深而较快、脉搏加快
7	昏迷
5	最小的生存浓度
2~3	瞬间死亡

34. 什么是工程防化分区？如何设置工程防化分区？

现代城市人防工程通常规模较大，有多个出入口且在不同的朝向上，平时可以满足不同区域、方向、地点的人员出入的需要。在城市目标遭袭情况下，规模大的人防工程各出入口面临的实际毁伤破坏程度会不同。

防化分区是当工程遭袭时，为避免单个口部破坏对整体工程造成影响，而结合工程口部分布和内部使用功能等情况所划分的相对独立的区域。通常根据工程的滤毒通风系统所提供的通风范围分区。防化分区应具备独立的进排风系统、人员防毒通道和洗消设施，宜设置独立的且可联通上级指挥通信网络的核生化信息采集传输系统。

35. 人防工程有几种防护方式？

当工程外部存在核生化污染时，人防工程应对核生化污染危害的方法是，通过工程密闭和过滤净化等多种手段，避免或减轻核生化污染物经透入、空气带入、服装带入等途径进入工程内室，保证工程内部人员、设备物资安全。这一防护目的通过两种防护方式实现：隔绝式防护和过滤式防护。需要特别注意的是，每种防护方式都有其实施的基础要求和应用时机限定，需要进行严谨细致的准备、检查、判定和实施。

隔绝式防护是利用工程自身围护结构的密闭性，将人防工程内室与外界受染空气隔绝的防护方式。隔绝防护期间，工程内外空气完全隔绝，人员利用工程内的空气，采取供氧及降低内部有毒有害空气浓度等措施，在有效的安全检测指导下进行防护。工程隔绝是应对外部所有危害的最基础条件和最可靠防护前提。

战时戒备状态下，在实施隔绝式防护之前，应完成以下准备工作：

①人员出入工程，出入口的门应随时关闭并锁紧；

②关闭进、排风（烟）系统孔口上门式悬板活门的底座板，靠悬板式活门底座板上的通风孔口进、排风（烟）；工程排水系统的水封井、防爆地漏放下漏芯并旋紧，同时注足水；

③在防化值班室、出入口的门、进排风机、密闭阀门和进水系统的防爆阀门处派人员值守。

此时，进、排风（烟）系统正常进、排风（烟），进、排水系统正常进水和排污，人员可以正常出入。通风方式为清洁通风。

接到核生化袭击警报时，立刻停止清洁式通风，关闭进排风系统上的密闭阀门、进排风机以及进水系统的防爆波阀，锁紧人员出入口的防护密闭门和密闭门，转入隔绝式防护。在隔绝防护期间，视工程内部空气质量情况开启隔绝防护时的内循环通风、供氧和空气净化装置。

过滤式防护则是在隔绝式防护的基础上，利用工程的滤毒通风系统，将外界受染空气净化为清洁空气，送入工程内部的防护方式。净化后的空气既供内部人员生存的呼吸需求，也用于保障工程内部形成规定的相对于外部大气的超压、阻止染毒空气透入工程内部，同时排出人员出入带入的核生化污染。此时的通风方式为滤毒通风。

过滤式防护可以解决更多的工程使用问题：如工程在外界染毒条件下的人员出入，以及有效排除工程内的废气，补充洁净新风，改善工程内部空气品质。但与此同时，过滤式防护实际上会增加许多防化保障工作，对工程防化信息、防化设施运行管理以及人员的技术要求更高。

36. 什么是隔绝式防护、什么是隔绝式通风？两者的区别是什么？

隔绝式防护与隔绝式通风是两个有联系，又不同的概念。

隔绝式防护是利用工程本身的围护结构，有效地防护密闭设施，保证工程内外隔绝，将冲击波及受到化学、生物、放射性沾染的空气阻隔在工程以外，这种将工程内外全部空气隔绝的防护方式即称之为隔绝式防护。

隔绝式通风是工程在隔绝式防护过程中，根据工程待蔽的需要，不开启过滤进风系统，有空调的工程利用送风系统进行工程内空气循环通风，无空调的工程利用清洁式进风机进行工程内空气循环通风，这种通风没有室内外新旧空气交换，但能将不同区域内的空气进行一定的循环，以减少局部高浓度废气，或调整局部空气温湿度，甚至只给人们通风的感觉，减缓人们长期掩蔽下的心里烦闷感。由于这种通风方式是在隔绝防护下进行的、工程内部的一种局部通风样式，通常称之为隔绝式通风。

隔绝式通风是工程转入隔绝式防护之后的一种通风方式，两者有关联，但是性质不同的两件事。防护方式，不等同于通风方式。应避免混淆隔绝式通风和隔绝式防护两个概念。

37. 什么是过滤式防护、什么是过滤式通风？两者的区别是什么？

过滤式防护与过滤式通风是两个有联系，又不同的概念。

过滤式通风是在工程良好的隔绝情况下，为满足工程使用的需要，如有人员出入时保障工程超压和防毒通道换气要求，或工程接近其隔绝时间，隔绝居住时间终点，有内部空气品质改善的要求等；在过滤式防护条件下，开启过滤通风系统，进行有组织的进排风，滤除进风中污染物，送入清洁空气供工程内人员使用的一种通风方式。

而过滤式防护是要求过滤式通风时，在明确室外污染物种类、浓度和性质，确认是过滤吸收器可以过滤的，且在浓度不太高的情况下，根据工程当时防护的需要，利用工程的过滤式通风系统，在工程防化信息的指导下，有效地组织进、排风，实时监测进气污染滤除的质量，供给工程内部人员洁净新风，排除有毒有害气体，改善工程的空气质量，以保证内部人员正常生活与勤务活动的一种防护方式。

38. 人防工程有几种通风方式？

人防工程根据平时用途和战时用途，其规模和形式比较多，为了保证工程平战功能两全，一般工程即设有平时通风系统又设战时通风系统，所以人防工程有：平时通风和战时通风这两个不同时期的通风方式。平时通风有机械通风和自然通风，机械通风和自然通风各自又有多种。但是，通过平战转换施工改造之后，工程即转入战时使用阶段，战时通风系统则启用。

战时通风是工程所在地转入战时后，工程随时要进行的通风方式。战时通风其实还有平战转换之后的系统调试、超压检查和试运行等通风方式，此期间的工作量最大，暂定为战前调试通风。而人们常说的是以下三种通风方式：

（1）清洁式通风：为外界空气无核生化污染时的通风。

通风系统中的阀门、风机控制程序参见文献 [6]P014~017。此时室外空气并未染毒，只需要在进风中滤除一些大颗粒灰尘；

（2）隔绝式通风：是工程转入隔绝式防护之后的内循环通风；

（3）过滤式通风：是在过滤式防护条件下的通风。

另一种通风方式是工程的过滤吸收器更换后，为排除滤尘室或滤毒室内管路开放后造成的局部污染，可以启动滤尘室或滤毒室内预先设计好的内循环管路及阀门，通过滤器室内的局部内循环以降低空间污染水平，这也是战时工程防化保障需要的一种局部通风方式。

39. 什么是清洁式通风？它与隔绝式通风有什么区别？

清洁式通风是在工程口部外空气无污染的情况下，将外部空气经滤除尘埃后送入工程内部的通风方式，做法是打开清洁式进排风系统上的两道密闭阀门，启动清洁式进排风机。这种换气是使室内外空气得以交换，保证工程内部人员获得良好的空气环境。

而隔绝式通风是在工程转入隔绝式防护之后，所有与外界相通的阀门和孔口全部关闭的条件下，打开清洁式进风机或空调通风系统，所进行的内部空气循环，称之为隔绝式通风，它没有室内外空气的交换。

清洁式通风的前提是室外空气没染毒，实施的室内外新旧空气交换；而隔绝式通风是工程在完全密闭后，内外空气隔绝的情况下进行的工程内的空气循环，现以防化丙级工程的通风系统为例予以说明，详见参考文献[6]P014~017。

第 3 章
人防工程建筑的防化要求与设计

3.1 防化建筑设计要求

40. 人防工程在建筑设计中哪些是保障防化功能的设计？

人防工程建筑设计主要从工程分区、布局以及密闭性设计等方面保障人防工程防化功能。

与防化相关的分区设计主要是工程染毒区、允许染毒区与清洁区分区明确。要求允许染毒区宜集中布置，宜小不宜大，允许染毒区与清洁区界面清晰。

与防化相关的布局设计包括工程出入口布局；防毒通道、进排风口或竖井在工程整体中的位置；滤尘器室、滤毒器室、进风机室、防化值班室、洗消间、排风机室、防化器材储藏室、防化化验室等的面积及在工程整体中的位置；毒剂报警器探头壁龛至防爆波活门的间距。防毒通道、防化房间及重要相关房间、设施的布置应符合工程防化等级要求，面积及位置、毒剂报警器探头壁龛至防爆波活门的间距应符合《人民防空工程防化设计规范》RFJ 013—2010（以下简称《防化设计规范》）要求。平战结合的人防工程防化建筑平面布局及口部设计应符合战时功能要求，并便于平战转换。

与防化相关的密闭性设计包括坑（地）道工程口部密闭段及检查孔设计，工程口部穿墙管线的密闭性设计。

另外，防毒通道墙面应保持水泥表面，不做铺设瓷砖等装饰处理。

41. 人防工程染毒区和清洁区是如何划分的？

人防工程染毒区是一种约定俗成的说法，是指在核生化污染条件下，人防工程建筑范围内有可能受到辐射污染及生化污染的区域。即使沾染或污染也只可能是空气染毒，并无地面液态污染产生。人防工程清洁区是指工程内部使用时设法不使其遭受污染的区域。

在建筑设计上，由外至内，人防工程中最后一道密闭门之外的区域为染毒区，最后一道密闭门之内的工程主体区域为清洁区；处于这两个区域之间的空间通常设置为防化工作区，有防毒通道、人员洗消区域。根据工程的不同结构形式，也有进风过滤通风设施安排，甚至有防化化验室等。这个空间区域理论上应被称为允许染毒区，即处于室外毒剂染毒区与工程内清洁区的过渡地段，与防疫中要求的半污染区类似。

3.2 房间、通道及设施防化设计

42. 工程中与防化相关的房间有哪些，分别在什么位置？

工程防化设计中应根据工程防化级别设置防化相关房间。工程中与防化相关的房间如下：

（1）过滤设施设备间

过滤器材包括粗滤器（油网滤尘器）、滤尘器或粒子过滤器、过滤吸收器或滤毒器。相应的过滤器材安装的房间为：

粗滤器室：安装有粗滤器（油网滤尘器）。

滤尘器室：安装有滤尘器或粒子过滤器。

滤毒器室：安装有过滤吸收器或滤毒器。

上述房间位于工程允许染毒区内。

（2）人员洗消间（区域）

位于工程允许染毒区内，用于工程外染毒人员进入工程时进行消毒、消除和卫生处理的房间或区域。洗消间通常包括脱衣室、淋浴室和检查穿衣室。

（3）风机室

风机室包括进风机室和排风机室，进风机室位于工程进风口部与滤毒器室相邻的清洁区，排风机室位于工程排风口的允许染毒区。

（4）防化化验室

防化化验室位于工程允许染毒区，用于对工程外部采集的少量污染样品进行分析化验，通常设置在战时人员主要出入口内靠近检查穿衣间的一侧。

（5）防化值班室

防化值班室是工程防化信息汇集、处理的房间。位于工程清洁区靠近战时进风的出入口。

（6）防化器材储藏室

防化器材储藏室用于存放人防工程中的备用防化器材。位于靠近战时主要出入口的工程主体内。

43. 防化值班室设计中应关注哪些问题？

防化值班室内值班人员主要负责对工程内的防化设施设备进行维护，实施战时工程防化保障工作，处置防化设备设施的突发故障。工程进风口部防化设备相对集中，为保证战时能及时处置相关故障，防化值班室应设置在靠近战时进风出入口的工程主体内靠近最后一道密闭门附近。

防化值班室设有接收、处理核生化信息的设备、通风方式控制信号箱、显示通风方式的灯光和音响装置等。在建筑设计时，面积要满足各种通信、监控设备放置的要求，各防化级别的工程，具体要求见现行《人民防空工程防化设计规范》。

另外，为保障防化值班室内设备安全，防化值班室应在电磁脉冲防护区域内。由染毒区进入到防化值班室的电缆也应采取电磁脉冲防护措施。

44. 洗消间设计中应关注哪些问题？

人防工程洗消间由脱衣室、淋浴室和检查穿衣室组成。

洗消间的面积和设备布置应符合现行《人民防空工程防化设计规范》的要求。

脱衣室与淋浴室之间应设置密闭门，并向外开，能使其面积充分得到利用，并保证人员进出方便。同时考虑人员行动路线，洗涤盆先于淋浴器布置，确保浴前与浴后人员足迹不交叉。

为便于洗消废水收集处理后排放，人员洗消废水集水池宜设置在淋浴室地面下方，不得与清洁区集水池共用。

45. 简易洗消间如何设计？

防化丙级的工程、电站机房与控制室、空调室外机房与清洁区之间的简易洗消可在简易洗消间或防毒通道内实现。

设置简易洗消间的工程，战时一般不允许人员出入，必须有人员进入时可采取简易洗消。通常用消毒剂、消除剂、水、溶剂对染毒或沾染部位进行擦拭消毒或消除。

简易洗消间设在防毒通道一侧，入口开在防毒通道，出口设密闭门与工程主体相通。简易洗消间的面积应符合现行《人民防空工程防化设计规范》的要求，内设洗脸盆及带水封的地漏。如果有条件可设置穿衣室，排风走向是从内向外，从工程主体到穿衣室再到人员实施简易洗消的房间。

设有简易洗消间的人员掩蔽工程，应设穿衣间。由染毒区进入的人员必须更衣，染毒衣物不能带入清洁区。因此在简易洗消间入口附近应设置有染毒衣物存放处，人员由污染区带入的衣物用品应密封包装后在此处存放。

46. 防化器材储藏室如何设计？

洗消剂、个人防护装具、备用的过滤器材、防化保障维护设备及工具等均储存于防化器材储藏室内，通常防化储存物品种类、数量均较多。防化器材储存室面积应符合现行《人民防空工程防化设计规范》的要求。

防化器材的储存需要干燥、空气流通的环境，防止器材受潮霉变。另外，因存储物品中有洗消剂等化学品，还有含橡胶等材质的防毒面具、防毒手套等，可能释放化学物质，因此防化器材储藏室应通风换气，换气次数应符合规范要求。

防化器材储藏室应在靠近战时主要出入口的工程主体内设置，其门宜为密闭防火门。

47. 防毒通道如何设置？

防护密闭门与密闭门之间或两道相邻密闭门之间的空间，称为防毒通道。

人防工程出入口是外界染毒空气最易透入的部位。为减少毒剂透入量，需要设置防毒通道进行阻隔、稀释。防毒通道设置数量应符合规范要求，保证各孔口防护能力相当。

有的设计规范将设在战时人员主要出入口，有通风换气设施的通道称为防毒通道；设在次要出入口，没有通风换气设施的防毒通道，称为密闭通道。密闭通道是防毒通道的一种简易形式。

为满足防毒通道换气次数要求，人员主要出入口的防毒通道的容积在满足人员、设备进出的条件下宜小不宜大。

48. 防化等级不同的防护单元间的连通口设计应注意什么？

防护单元之间的连通口实际上相当于一个出入口。一个防护单元的人员需要通过防护单元间的连通口进入另一个相邻的防护单元。

人员掩蔽部与人员掩蔽部、人员掩蔽部与医疗救护工程、人员掩蔽部与专业队员掩蔽部、人员掩蔽部与物资库、专业队员掩蔽部与物资库、医疗救护工程与物资库、物资库与物资库等有防化等级且防化等级不同的工程之间的连通口，均处于清洁区，相当于是工程主体之间的连通。连通口两侧应按照两个防护单元的抗力要求设防护密闭门或密闭门，防化等级低的防护单元一侧的抗力要求应符合防化等级高的防护单元的抗力要求。防护密闭门或密闭门所在隔墙应为防护密闭墙。防护密闭门或密闭门之间的距离应满足人员、设备通过要求，防护密闭门或密闭门的朝向不应影响人员、设备通过。

人员掩蔽工程与电站、医疗救护工程与空调室外机房、专业队员掩蔽部与车辆掩蔽部或装备掩蔽部之间的连通口应按照主体工程相应防化级别的人员主要出入口设置。

专业队车辆掩蔽部或装备掩蔽部可以转入隔绝式防护，但是接到抢险任务必须立即开出车辆或调出装备，掩蔽部随即成为染毒区。任务执行完毕，人员返回人员掩蔽部时，必须经过洗消才能进入。医疗救护工程空调室外机房也会染毒，因此人员由空调室外机房进入医疗救护工程也应经过洗消才能进入。

柴油机是靠燃烧空气管从电站进风除尘室自吸燃烧所需空气的，燃烧空气管内有很大的负压，室内空气会被吸入管内，电站机房内处在负压状态，随即成为染毒区，所以由电站返回清洁区的人员必须经过洗消才能进入清洁区。

49. 临空墙或（防护）密闭墙上预埋的通风管、给排水或电气套管如何保证密闭？

为防止毒剂沿管道外壁和墙的缝隙渗入工程内，临空墙或（防护）密闭墙上预埋的各类管道、套管均应采取密闭措施。钢筋加强，管道、套管上要焊接密闭翼环，焊缝要连续、饱满，并在土建施工时一次预埋到位，现浇到混凝土墙内，预埋管下缘混凝土要捣固密实，防止此处形成漏风点。

施工设计图纸中应标注相关管线穿防护密闭墙的预埋件、预埋孔位置编号、定位尺寸及采用相关国标大样图的编号。

50. 如何设置气密测量管？

人防工程口部各防毒通道的防护密闭隔墙、密闭隔墙上均应设置气密测量管，用于工程口部气密性能检查。气密测量管是两端有外丝，内径为 50mm 的热镀锌钢管，平时和战时均有管帽封堵，以确保工程在非测试状态时的气密性。气密测量管应焊接密闭翼环，并在土建施工时一次预埋到位，现浇到混凝土墙内。

气密测量管距地宜不低于 1.2m，以便于人员操作。气密性能检查时，根据需要，气密测量管内将穿入若干根测量管，分别用于进气和测压。

气密测量管设置的位置既要便于进行工程口部气密性测量，又要避免影响所在隔墙防护密闭门或密闭门的正常启闭。具体要求，详见参考文献 [6]P093。

不建议将电气预埋管和气密测量管合并使用。竣工验收前，工程超压试验时，各种管孔包括电气预埋管都已经进行了密闭封堵，参见图 3-1。而气密测量时，要在气密测量管内设进气管、测压管，一般进气管管径多数采用内径 5~8mm 的塑料软管，测压管的管径与前相同，通过特制的接管器，使仪器与气密测量管相连接，参见图 3-2、图 3-3。电气预埋管与气密测量管的功能和防护密闭要求不同，不应合并使用。设计和审图人员应注意气密测量管的合理设计。

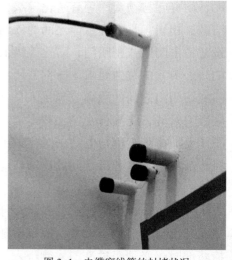

图 3-1　电缆穿线管的封堵状况

图 3-2 管帽式接管器

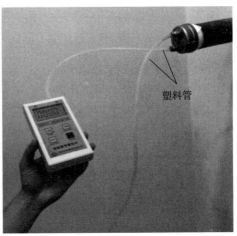

图 3-3 某工程密闭门和防毒通道气密测量

3.3 工程建筑防化设计运用有关问题

51. 如何判定工程气密性合格？

气密是人防工程实施核生化防护的基本要求和基本条件。隔绝式防护时，人防工程主要依靠工程口部的通道、隔墙、与外界相通管路的阀门及密闭措施等，阻止或减缓有毒物质向工程内部透入。过滤式防护时，在工程气密的基础上，主要依靠滤毒通风在工程内部形成相对于外部的超压阻止外界染毒空气透入。

工程气密性检查项目应包括：1）工程口部漏气量；2）进、排风管道密闭阀门或超压排气活门气密性能，染毒管道气密性能；3）自流排水系统防毒通道内的水封井水封深度；4）密闭肋完好性。

其中，工程口部漏气量按现行《人民防空工程防化设计规范》第 4.1.3 条执行。防护设备：防护密闭门、密闭门、密闭阀门和自动排气活门应达到《人民防空工程防护设备产品质量检验与施工验收标准》相关条款要求。染毒管道气密性，应达到《人民防空工程防护设备产品与安装质量检测标准（暂行）》要求。

过滤式防护还应检测工程超压水平以判定工程气密情况。

52. 自动排气活门和密闭阀门的气密性如何测量？

自动排气活门和密闭阀门气密性测量原理相同，均为以自动排气活门或密闭阀门和密闭通风管路形成一段密闭空间，向密闭空间内充气达到规定超压值，则维持该超压值时的充气流量即自动排气活门或密闭阀门的漏气量。

以自动排气活门气密性测量为例，测量原理见图 3-4。测量方法如下：

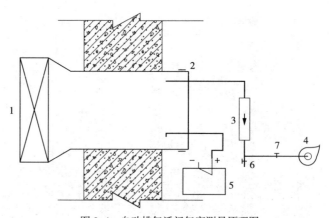

图 3-4 自动排气活门气密测量原理图
1—超压排气活门；2—管路密封装置；3—流量计；4—充气泵；5—微压差计；6、7—气路调节阀

（1）用管路密封装置对超压排气活门短管另一端进行密封处理；
（2）关闭超压排气活门，并使其处于锁闭状态；
（3）将管路密封套、充气泵、微压差计、流量计等连接好；
（4）启动充气泵对所测管段进行充气；
（5）调节流量计，使微压差计显示的压差值在 100 ± 10 Pa 范围内，保持 1min；
（6）读取流量计读数，即为超压排气活门的漏气量。超压排气活门的漏气量不大于规定值，则判定为气密性满足要求。

53. 微压差计如何选择？

为保证人防工程内部待蔽人员的安全，滤毒通风时要保持工程内部相对于外部有一定的超压，以阻止外界有毒空气渗透到工程内部。微压差计用于测量工程内部与工程外的超压值。目前微压计品种较多，工程中常用的，有 U 形管压力计、倾斜式微压计及数字式微压差计等。应根据工程实际需求选用适宜的微压差计。

（1）室内外测压差系统，即测压管室内端，防化乙级及以下工程，宜选用倾斜式微压计，有自控要求工程，可以增设数字式微压计，参见图 3-6；
（2）除尘器（含预滤器）、过滤吸收器（含滤毒器）两端可选用 U 形微压计，量程大，性能稳定，参见图 3-5。

U 形管压力计和倾斜式微压计结构简单、价格低，性能可靠，设置和使用方便，所以使用广泛。数字式微压差计能将数据直接上传，有利于工程超压自动调控。考虑到超压测量的安全和彼此校正，所以选用数字式微压差计时，建议同时选用倾斜式微压计，见图 3-6。

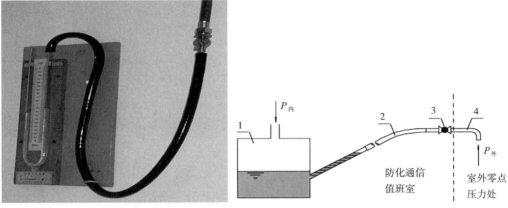

图 3-5　U 形管压力计和倾斜式微压计
1—倾斜式微压计；2—连接软管；3—阀门；4—取压管

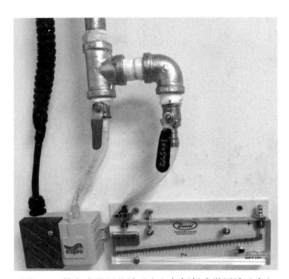

图 3-6　数字式微压差计（左）与倾斜式微压计（右）

第 4 章
人防工程通风的防化要求与设计

4.1 防化通风设计要求

54. 滤毒风量、最小防毒通道换气次数和最低主体超压三者之间是什么关系?

滤毒风量:工程处于过滤式防护时,流经各过滤吸收器的风量的总和。滤毒后的洁净空气是实现工程超压和通风换气的空气来源。

最小防毒通道换气次数:工程处于过滤式防护时,防毒通道每小时的排风量与防毒通道容积之比值即为防毒通道的换气次数,常用 K 来表示。工程设有两个及以上防毒通道时,最小防毒通道是指容积最小的防毒通道,一般多将进脱衣间的那个防毒通道设计为最小防毒通道,以提高其换气次数 K,便于迅速降低通道内有害气体浓度,使人员能够尽快进入脱衣间。工程只设一个防毒通道时,即为最小防毒通道。在实际工程设计时,最小防毒通道面积过大,会增大滤毒进风量,从而增加整个工程口部的面积和工程造价;最小防毒通道面积过小又不能满足战时人员、物资进出等使用要求。规定最小防毒通道换气次数,是为了保证在人员进出时随空气和服装带入到通道内的污染能够迅速排出,降低污染水平,保证人员进出效率。

最低主体超压:工程主体超压是指工程处于过滤式防护时,在设计计算滤毒风量下工程内部高于外界的气压差。在工程内部造成超压可有效地阻止工程外部受染空气向工程内部的渗透。在外界空气被污染情况下,人员出入工程时,超压的存在可以阻止和减少受染空气带入工程内部,从而保障工程内部人员安全。

从设计的角度,在综合考虑防护安全、工程使用要求与造价的基础上,以上三者的计算次序为:

(1)根据工程掩蔽人员数量和该工程的人员新风量标准,计算人员所需清洁式新风量和过滤式新风量;

(2)根据工程最小防毒通道的有效容积、换气次数 K 和工程保持规定超压时的漏风量,计算出工程保证最小防毒通道换气次数并保持超压所需的过滤式新风量;

(3)工程实际过滤式新风量,是以上两者计算结果取最大者,作为本工程滤毒通风时的新风量。

55. 通风系统应如何设计以保证外部污染不被引入清洁区？

外部污染进入清洁区可能的途径主要有：

（1）通过工程不严密的孔缝透入：由于工程内外部的空气相对密度差（含有毒剂蒸气的空气比室内清洁空气相对密度大）而自然渗入，由于工程内外空气温度差形成相对密度差（热压）而透入或由于工程出入口之间风压差而透入工程；

（2）被风机误吸入：在某种情况下通过风管进入清洁区；

（3）被人员进出工程带入：有人员或物品进入工程而使污染物随空气或服装进入清洁区。

针对以上几种途径，通过对通风系统的合理设计和对工程管理人员的技术培训可以有效避免一些不利因素，并防止因误操作而使污染进入清洁区。具体措施如下：

1）使滤毒风量大于工程计算排风量和漏风量之和，即保证工程内部压力大于外部压力。

2）使密闭阀门关闭动作时间、风机停转动作时间尽可能短，以确保一旦接收到报警信号，工程能够尽快转入隔绝防护。

3）保证最小防毒通道的换气次数，使人员和服装带入的污染能够迅速减少，并排出防毒通道。

4）保证毒剂报警器探头到防爆波活门的距离满足《人民防空工程防化设计规范》RFJ 013—2010 公式 7.1.6 的要求。这样在密闭阀门彻底关闭之前，由于风机逐步停转和气流惯性而不断吸入风管的污染气体不会抵达密闭阀门处，只会污染密闭阀门前的风管。

5）进、排风管路均设置不少于两道密闭阀门，形成密闭段，阻止染毒空气通过通风管路进入工程内部。

6）清洁式进风管道上，两道密闭阀门之间，设置增压管。防止滤毒通风时染毒空气经清洁通风管路透入工程内部。

7）切实保证工程围护结构和孔口的气密可靠。

56. 当滤毒式新风量计算用公式 $Q=q_L+KV$ 时，q_L 取多大的漏风量？

在滤毒式通风设计中，通常按照公式 $Q=q_L+KV$ 计算新风量。新风量由两部分组成：一部分是维持工程空间内一定的换气次数所需要的风量 KV；另一部分则是考虑到工程的实际漏风而增加的一个安全量，即 q_L。这个安全量数值是用于抵消由于工程运行中的漏风造成的漏毒。

设计实践中，设计人员常常将工程保持超压的漏风量以工程的清洁区有效容积的 4%~7% 进行取值计算，有设计人员提出工程保持超压下的漏风量并没有这么大的疑问。原因一是这个漏风量来源于早期的小型野战工事的实验。对于小型单出入口工程，在特定测试条件下发现，当工程超压较小时，漏风量大约是内室容积的

4%；当超压较高时，漏风量会急剧增大，达到内室容积的 7%。二是现在的人防工程和早期野战工程相比，不同之处有：掘开式建设、多孔口、多出入口、多种样式、内部面积大、地上地下联通、平战两种用途，甚至工程有平战转换的预留项等。这样，机械地按照工程清洁区容积去取漏风量数值就会出现很大偏差。

对人防工程设计人员来讲，要正确理解这个计算安全量的取值来源与含义，根据工程的具体情况确定 q_L 才合理。

57. 通风系统过滤设备的终阻力该如何确定？

人防工程通风系统中过滤设备主要包括油网滤尘器、滤尘器 / 粒子过滤器、过滤吸收器 / 滤毒器。

过滤设备在使用过程中，由于通风而吸入的灰尘等在其过滤器件上不断累积，会造成过滤设备的阻力值不断增加，在通风系统设计时尤其是风机选型时，需要考虑过滤设备的终阻力。

不同过滤设备由于其技术原理、过滤材料、结构形式等的不同，终阻力各不相同。其中，油网滤尘器终阻力的取值可参照《人民防空工程防护设备产品与安装质量监测标准》（暂行）RFJ 003—2021 表 6.15.3 推荐的油网滤尘器的终阻力。滤尘器 / 粒子过滤器的终阻力取值可按照初阻力的 2 倍来计算。

过滤吸收器中的精滤器依靠其内部装填的高效玻璃纤维滤纸来滤除毒剂烟、雾和生物气溶胶、放射性气溶胶粒子。气溶胶粒子在玻璃纤维或已被捕获的气溶胶颗粒上沉积、被截留或粘附，会造成纤维间孔隙的变化，从而随着粒子累积而使得精滤器阻力上升。如过滤吸收器前安装有油网粗滤器等初级过滤装置，则在整个防护任务期间，被精滤器截留、拦截、粘附的气溶胶粒子粒径较小、数量偏少，精滤器部分的阻力几乎不发生变化。滤器终阻力并不是更换滤器的控制因素。

对于 RFP 型过滤吸收器而言，由于出厂后无法单独更换精滤器，遭袭使用后或达到贮存期视过滤毒剂 / 毒物情况整体更换。

4.2 工程过滤通风系统设备

58. 人防工程过滤吸收器的基本组成及各部分功能是什么？

以 RFP 型过滤吸收器为例，人防过滤吸收器主要由进风扩散器、出风扩散器、生物杀灭单元、精滤器单元、滤毒器单元、附件等组成。

主要组成部分的功能是：

（1）生物杀灭单元关键部件为自由基激发器，其主要功能是通过自由基激发器发生一定浓度的臭氧，对截留在精滤器单元的病毒、细菌进行杀灭。该功能在确定遭受过生物武器攻击后，停止通风或更换过滤吸收器前使用。

（2）精滤器单元关键材料为高效过滤纸，用于滤除染毒空气中的粒子和气溶胶。

（3）滤毒器单元关键材料为浸渍活性炭，用于吸附、净化气流中的有毒有害气体。

其净化过程及关键单元功能，详见参考文献[6]P054。

59. 为何要对过滤设备的阻力进行检测？如何检测？

检测过滤设备（油网除尘器、粒子过滤器、过滤吸收器等）的阻力是基于以下原因：

（1）过滤设备的阻力是通风系统阻力计算和风机选型的重要依据。过滤设备在使用过程中当阻力增加到一定程度时，通风系统的风机将无法提供足额的风量，进而会造成人防工程超压值的下降、防毒通道的换气次数和内部人员的新风量供应不足。通过对过滤设备的阻力检测监测，能及时发现问题，及时清理和更换过滤设备。

（2）过滤吸收器的初阻力往往存在差异。此差异来源于原材料质量、生产工艺、成品制造水平等。例如 RFP 型过滤吸收器，即便是同一厂家的不同批次产品以及单个滤器间其初阻力都存在着差异，有时甚至高达 100Pa。为保证流过每个过滤吸收器的流量基本相等，需要对其阻力进行检测；通过调节阀，将几个并联的过滤吸收器支路阻力调节相等，即阻力平衡。

通常，通过在过滤设备的上下游或进出口设置测压差管，进行阻力检测和监测。

测压差管的设置应遵循以下原则：

①位置明显，便于观察和连接测压管；

②连接后，测压软管不易折扁堵塞气流；

③测压点宜设在气流无剧烈波动的位置，比如阀门、弯管、调节阀等部件的下游附近。

④测压管应有封堵措施，如单嘴煤气阀等，如图 4-1 所示。

过滤吸收器进出口的测压差管位置如图 4-2 所示。

图 4-1　DN15 单嘴煤气阀

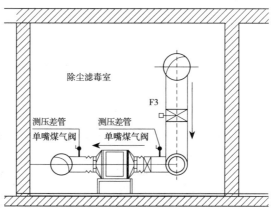

图 4-2　过滤吸收器测压差管的位置

60. 现有过滤设备能有效滤除生物气溶胶吗？

生物气溶胶是指含有生物性粒子的气溶胶，即气溶胶受到生物战剂的污染。

生物战剂的微粒直径从几个纳米到几十微米不等，但细菌、立克次体和病毒这些微生物在空气中是不能单独存在的，必须依附于灰尘、液滴等载体上，且不是以单体的形式存在，而是以菌团或孢子的形式存在。生物战剂的散布多是通过机械作用释放到空气中，生物气溶胶粒子大小，与致病微生物大小基本无关，例如用多级液体撞击采样器采集空气中自然存在的口蹄疫病毒微粒，虽然其真实大小仅有 25~30nm，但分级采样结果表明，65%~71% 大于 6μm，19%~24% 为 3~6μm，仅有 10%~11% 小于 3μm。工程的过滤设备要滤除的是带有生物战剂的灰尘、液滴，这类物质的直径普遍为微米级别以上。

人防工程安装的粒子过滤器、过滤吸收器使用高效空气过滤纸作为过滤介质，对于 0.3μm 左右直径的颗粒气溶胶的过滤效率一般最低，但通常也大于 99.999%，对于大于或小于 0.3μm 直径的颗粒，过滤效率会更高。因此，过滤设备中的精滤器能够有效滤除生物气溶胶。需要注意的是，细菌、病毒、霉菌等微生物被过滤在过滤设备中后，经过较长时间，可能会繁殖迁移，因此，要定期进行过滤器件的更换或开启生物杀灭装置进行消杀。

61. 密闭阀门应满足的主要指标有哪些？

密闭阀门是实现通风方式转换、管道气密的重要器件。通风系统中会有多个密闭阀门，有手动密闭阀门和手、电动两用密闭阀门两类。其安装位置和类别在《防化设计规范》中有规定，"沿气流方向，进风管段第一道密闭阀门、排风管段第二道密闭阀门均宜靠近扩散室设置，且防化级别为乙级的工程应为手、电动密闭阀门，防化级别为丙级的工程宜为手、电动密闭阀门"。

密闭阀门的主要指标如表 4-1 所示。其关键指标为启闭时间和气密性，其中，启闭时间关系到防护方式切换的快慢；气密性决定着有毒有害物质透过阀门进入到工程内部的程度。气密性用一定超压下的漏气量来表示。部分阀门还有抗冲击波余压的要求。

双连杆式手、电动两用密闭阀门主要技术性能表　　　表 4-1

介质：空气		阀门口径	阀门口径
公称直径（mm）		DN200~400	DN500~1000
试验压力（MPa）		0.1	0.1
工作压力（MPa）		≤ 0.05	≤ 0.05
电动装置	型号	DDI-20	DDI-10
	启闭时间（s）	≤ 5	≤ 5
	电机功率（kW）	0.37	0.55

续表

介质：空气			阀门口径				阀门口径	
最大允许漏风量（m³/h）	DN200	DN300	DN400	DN500	DN600	DN800	DN1000	超压值 ΔP=50Pa
	0.025	0.04	0.055	0.07	0.085	0.115	0.145	

注：适用温度范围：–30~40℃。

62. 工程各通风相关控制箱有什么防化方面的要求？

防化乙级非指挥工程的控制系统，是根据防化乙级工程的信息要素和特殊要求来设计的。当其接到毒剂报警器的报警信号之后，意味着工程必须要先转入隔绝式防护，待情况明确后可以再调整防护状态。总控制箱和进排风机分箱上必须单独设置隔绝式防护按键。防化乙级工程三防控制系统原理见图 4-3。

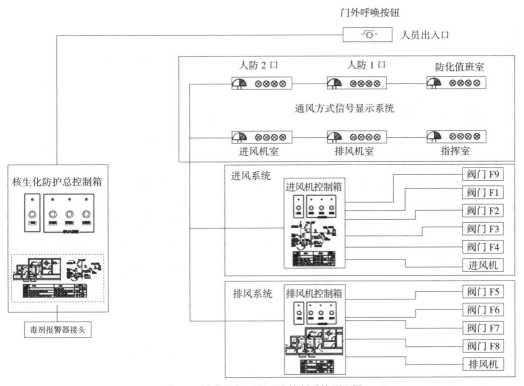

图 4-3 防化乙级工程三防控制系统原理图

防化乙级控制系统及三防控制总箱。①总箱面板上应有进、排风系统原理图和隔绝式防护及三种通风方式转换表；②总箱内应设一个 Rs485 接口、一个 Rs232 接口，便与毒剂报警器连接。

进风机室的控制箱，见图 4-4。进风机室控制箱应有进风系统原理图和隔绝式防护及三种通风方式转换表，详见参考文献 [7]P118，图 4-15（b）。

排风机室的控制箱，见图 4-5，排风机室控制箱应有排风系统原理图和隔绝式防护及三种通风方式转换表，详见参考文献 [7]P118，图 4-15（c）。

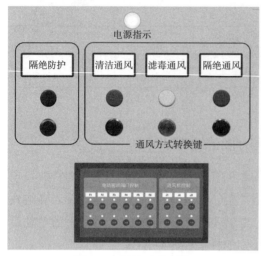

图 4-4 进风机室控制箱

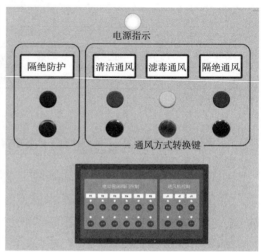

图 4-5 排风机室控制箱

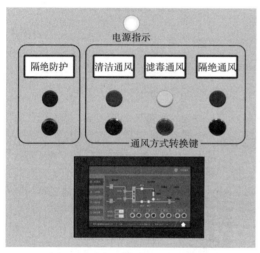

图 4-6 三防控制总箱（防化丙级工程三防控制总箱面板图）

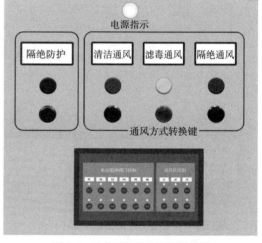

图 4-7 防化丙级进风机室控制箱

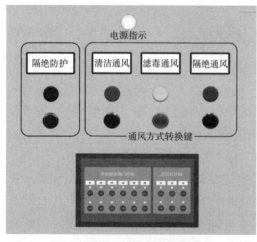

图 4-8 防化丙级排风机室控制箱

防化丙级工程的系统控制与乙级相同，只是不设毒剂报警器，它与上级指挥机构和相邻单位有信息共享机制。接报警信号之后，工程首先转入隔绝式防护，其总控制箱和进排风机分箱上必须单独设置隔绝式防护按键。见图 4-6~图 4-8。

（1）防化丙级进风机室的控制箱，见图 4-7，进风机室控制箱应有进风系统原理图和隔绝式防护及三种通风方式转换表，详见参考文献 [7]P116，图 4-12（b）。

（2）防化丙级排风机室控制箱见图4-8，应有排风系统原理图和隔绝式防护及三种通风方式转换表，详见参考文献[7]P116，图4-12（c）。

（3）控制箱上的系统原理图应与所在工程的原理图保持一致。

（4）总控制箱和进、排风机室分箱上均应有转换声光警示信号装置。

63. 通风控制箱上的"一键隔绝"功能是什么？

通风控制箱上的"一键隔绝"是为快速实现工程隔绝防护而设计的，按下此键后，进、排风机、电动密闭阀门、排污泵和出入口的电动门等全部关闭，工程立即转入隔绝式防护。

三防控制箱上的一键隔绝键位置，参见图4-4~图4-8中的"隔绝防护"键。

设置一键隔绝功能，极大减少了实现工程隔绝防护所需的工作量和时间，同时也能有效避免人员误操作或漏操作造成的防护功能失效。

需要注意的是，三防控制箱上"隔绝防护"与"隔绝通风"是两个完全不同的按键，各自实现隔绝防护与隔绝通风的功能。

隔绝通风键是启动一种通风方式；而隔绝防护键是关闭一切与外界相通的阀门、进排风机和排污泵及出入口的门，其作用是将工程立即转换到隔绝防护的方式上。

（1）两键的控制范围不同；

（2）两键的功能不同；

（3）两键启动的时机不同；

（4）两键在控制箱上的颜色不同：隔绝通风键和灯光，是红色；隔绝防护键和灯光，是蓝色。

一般人员掩蔽部："隔绝通风"是启动清洁式进风机A，打开回风插板阀F10、打开进风机A的启动阀Fa和阀门F9，其他阀门关闭，进行内部空气循环，详见参考文献[6]P016。

有空调的工程：进排风系统的风机和阀门全部关闭；启动送回风机（系统）进行内部空气循环。

使用"一键隔绝"后，开启内循环通风（按下"隔绝通风"）前，应检查出入口的门、通风系统密闭阀门和自动排气活门等的密闭状况，水封井和地漏是否注足水，各种穿密闭隔墙的管孔是否密闭等。

4.3 工程过滤通风系统运用有关问题（含审图）

64. 工程通风方式转换应遵循什么原则？

通常，工程通风方式是指战时通风的3种通风方式：清洁式通风、滤毒式通风、隔绝防护时的内循环通风。通风方式的转换应遵循以下原则：隔绝为主、交替使用、确保安全。

转换顺序如下：

（1）战时人员进入工程，口部防护门/密闭门均关闭，工程通风方式为清洁式通风。

（2）收到预警信号或工程核生化报警器发出报警信号时，工程应立即转入隔绝防护。预警取消或查明外部无核生化污染时可转为清洁式通风。污染物不明或滤毒通风系统不能实施有效防护时，工程实施隔绝防护，必要时开启内循环通风。开启内循环通风前，应检查出入口的门、通风系统密闭阀门和自动排气活门等的密闭状况，水封井和地漏是否注足水，各种穿密闭隔墙的管孔是否密闭等。因为隔绝式通风运行时，送风口区域是正压，回风口区域是负压，工程不密闭，负压区会漏毒。必须确认全工程密闭后，才可进行隔绝防护时的内循环通风。

（3）工程实施隔绝防护时，工程内部空气质量不满足指标要求或当有人员出入要求时，且滤毒通风系统能对工程外部污染物实施有效防护时，工程转入过滤式防护的滤毒式通风。当内部空气质量恢复或人员进出完毕后，转回隔绝式防护，或内循环通风。即交替使用，以延长防护时间。

（4）工程实施过滤式防护时，过滤吸收器尾气中毒剂浓度超过滤器控制指标要求时，工程应实施隔绝防护，转入隔绝防护时的内循环通风，并及时更换滤毒通风设备，设备更换后视情转入滤毒通风。

（5）报警解除后，需根据工程污染情况，视情况对风管、口部进行彻底洗消，经消毒彻底程度检查后才能切换至清洁式通风。

65. 过滤吸收器能用多久？何时需要更换？

过滤吸收器防护时间与外界污染的浓度密切相关，不是一个定值。风量一定的情况下，外界污染浓度越高，防护时间越短。

过滤吸收器一定要在已查明外界染毒情况，综合考虑了工程内部各种风险危害因素（内部空气质量、人员进出等）后，确定需要开启使用时才由防化工作人员开启运行。

从过滤吸收器的设计指标看，在标准条件下（各类毒剂的攻击浓度不同），过滤吸收器的饱和吸附容量较大，足以防护几次到十几次的袭击（决定于毒剂的种类和浓度）。但正是因为过滤吸收器的吸附容量是个定值，当毒剂浓度越高时，过滤吸收器的防护时间就越短，因此工程的过滤吸收器一定要避开高浓度环境使用，即不在毒剂袭击发生时使用。由于未来作战样式未定，在判定过滤吸收器能防护外界污染的前提下，采取过滤式、隔绝式交替防护方式，可获得更好的防护效果。

过滤吸收器的使用时间通常是通过记录其每次开启使用时，其防护的有毒气体种类、大致的浓度范围以及使用时间等数据，通过计算在一定的过滤风量下，过滤吸收器在总防护时间内的吸毒量（毒剂浓度和防护时间、总风量的乘积）得到。由于过滤吸收器的总吸毒量在出厂时是已知的，所以当使用过程中消耗掉其中50%以上的容量时就可以考虑更换。当然更换过滤吸收器要考虑到其他因素，如保证有备份滤器，有一定的技术人员，有检测器材等条件下才能完成。

66. 过滤吸收器的使用和更换应注意些什么问题？

新型过滤吸收器性能良好，能够经受多次典型袭击，且储藏寿命长，但并非不需要更换。过滤吸收器具体更换时机要根据实际受袭程度和贮存使用情况综合判断。以下几种情况，就需要更换过滤吸收器：

（1）战前检测发现过滤吸收器存在机械性漏毒情况时；
（2）战时使用过程中对过滤吸收器尾气进行在线实时监测发现毒剂浓度超标时；
（3）确认遭受过核生化袭击，有条件更换时。

《人民防空工程防化器材编配标准》RFJ 014—2010 第2.1中明确各等级工程除了滤尘器及过滤吸收器外，还应配备其他防化器材。在工程使用前，应根据工程所在地域防化威胁情况与工程可能处于的危害环境，由工程使用的负责人来决定是否进行工程各类装备器材的备份。如果确有需要，可以在工程内部设置防化仓库，备份一部分工程使用中需要补充或更换的器材和易损部件（配件）等。

工程配备的过滤吸收器有着严格的条件要求，如只能过滤军用毒剂或少部分有机蒸气，且浓度不太高，其染毒浓度的体积比应在0.5%以下。现有的器材对某些常见的工业无机物防护能力很弱，如氨气、二氧化硫、硫化氢、一氧化碳等有害气体。如果过滤器在指定的几种毒剂种类及浓度范围内使用，人防工程的过滤吸收器的吸附容量还是较高的。对典型毒剂沙林，可以满足不少于10次的攻击。所以，了解过滤吸收器的基本性能，有助于进行人防工程的使用前准备，也对人防工程设计有帮助。

67. 过滤吸收器并联安装时为何要使各支管的风量尽量一致？

根据流体力学基本原理，并联安装的过滤吸收器阻力各不相同时，阻力小的流经过滤吸收器的风量大，会造成该过滤吸收器提前失效，为此要尽可能地将各管路的风量调整一致，其调节方法详见参考文献[6]P059。

68. 防化化验室应按何程序进行通风？

防化化验室的滤毒通风系统主要目的是保证进行防化化验操作时的安全。室内设有独立的内循环除尘滤毒通风系统。

69. 在通风图中重点审防化专业的哪些内容？

通风设计图中防化审查的主要内容有以下几点：

（1）通风施工图中，防化设备是否齐全、规格、数量、性能参数及位置是否满足防化要求；

（2）进风口部设备房间平剖面图：从进风扩散室到进风机之间各设备及风管的布置，安装方式及安装尺寸，空气放射性监测、毒剂监测取样管、换气短管、增压管、流量监测、阻力测量管等的位置及各有关尺寸标注清楚、无错漏；

（3）排风口部设备房间平剖面图：机械排风和超压排风系统的密闭阀门及超压自动排气活门位置是否正确，三维尺寸标注完整；

（4）防化化验室通风图：样品传递密闭窗（若设）的位置及尺寸，通风柜与滤毒内循环通风设备及管道的平剖面布置、安装方式和安装尺寸应标注清楚，气流不能短路；

（5）设计说明中应对各防护单元的防化等级予以说明，并对不同防化等级的防化设备的设置给出说明；

（6）图纸中关于毒剂报警器、空气放射性监测设备、空气染毒监测设备和空气质量监测设备的设置有无错漏；

（7）防护与通风方式转换顺序表和说明是否正确。

第 5 章
人防工程防化报警、监测与控制

5.1 防化报警、监测与控制设计要求

70. 工程防化报警设计中应关注哪些问题？

根据《人民防空工程防化设计规范》RFJ 013—2010 第 7.1 节及《人民防空工程防化器材编配标准》RFJ 014—2010 要求，工程防化报警器包括口部毒剂报警器和射线报警器，应根据工程防化级别设置相应的工程防化报警器。

工程选用的报警器应满足各报警器通用规范的要求。

射线报警器探头应设在工程口外便于接受射线的地方。工程处于市区时，应注意不易被倒塌掩埋，距易爆易毁目标应有一定距离。探头外壳必须接地，并应有避雷、防晒、防雨和伪装保护措施。基座应符合《人民防空工程防化设计规范》RFJ 013—2010 第 7.1.4 条要求及其使用说明书的要求。

毒剂报警器的探头设置要求是：当战时为穿廊进风时，毒剂报警器的两个探头应分设在进风口前两侧的穿廊壁龛内；当战时为竖井进风时，探头设在每个进风竖井的壁龛内或支架上，探头外壳必须接地。毒剂报警器的探头到进风防爆波活门的距离，应满足现行《人民防空工程防化设计规范》RFJ 013—2010 中（7.1.6-1）式的要求。

71. 毒剂报警器的探头应如何设置？

当战时为穿廊进风时，毒剂报警器的两个探头应分设在进风口前两侧的穿廊壁龛内；当战时为竖井进风时，探头设在每个进风竖井的壁龛内，探头外壳必须接地。

探头壁龛尺寸宜为 600mm×600mm×600mm。电缆穿管出线口应设在壁龛侧壁。

毒剂报警器的探头与主机的连接电缆不得裸露在外，其穿管处应预埋内径为 50mm 的热镀锌钢管。

探头安装处宜设抗冲击波的保护措施。

毒剂报警器的探头到进风防爆波活门的距离，应满足现行《人民防空工程防化设计规范》RFJ 013—2010（7.1.6-1）式的要求。

此外，考虑到人员安全出入的需要，重要工程的主要出入口位置也可以安装毒剂报警器探头，目的是及时发现对工程口部的毒剂袭击，让人员适时掌握出入工程的时机，及时消除毒剂袭击的污染，减轻工程内部可能带入的毒剂威胁。

72. 毒剂报警器的灵敏度是否越高越好？

理论上，毒剂报警器的检测限越低、灵敏度越高，检测准确性越好，就越有可能及早发现毒剂袭击，从而为后续防护方式的及时转换提供依据。但仅灵敏度一项指标高并不适用于工程对化学毒剂报警的需求，还需综合考虑其抗干扰性、误报率、虚警率等指标。

毒剂报警器的任务是在毒氛云团传播过程中能及时发出报警信号，提醒人们进入防护状态。判断毒剂报警器是否满足要求涉及多项指标，主要包括对毒剂的选择性、响应灵敏度、最低检测限、响应时间、动态响应范围等，当然其技术成熟度高、维护保养方便、使用操作简单、误报率低等都是需要考虑的。

基于工程所处的复杂污染环境，毒剂报警器不仅要满足防化设计规范所要求的报警灵敏度和响应时间，而且要具有良好的抗干扰性和较低的误报率。

目前，毒剂报警器说明书提供的灵敏度一般都是针对单一毒剂气体的实验室测试结果，不能完全反映真实环境下的灵敏程度。对于复杂战场环境，使用其提供的灵敏度数据直接进行计算，可能会带来重大安全隐患。同时，灵敏度提高，误报率或者虚警率相应也会增高。故灵敏度提高后，报警响应时间如果有变化，设计规范中相关公式可以进行调整，但必须对拟采用的毒剂报警器进行充分的实毒试验，并在设计时留有充足的安全裕量。

73. 为什么要规定毒剂报警器探头到防爆波活门的距离？

规定毒剂报警器探头到防爆波活门的距离是基于安全的考虑，其具体原因如下：

当口部报警器探测到毒剂浓度达到报警阈值，即会发出报警信号，工程防化值班室接收到信号，自动调控进排风控制系统，关闭进排风管路上的密闭阀门，停止风机运行。

从发出报警信号到阀门关闭、风机停转需要一定时间。此时间内由于风机、气流惯性，受染空气会持续向工程内部方向运动。此时间过长的话，受染空气会被引入进风管道甚至工程主体。因此，必须尽量缩短该响应时间。

然而受风机和阀门的设计限制，该响应时间必然存在。为防止出现受染空气被抽入管路，从设计角度，需将受染空气拦截在进风口的前端，绝对不允许其在阀门彻底关闭前抵达清洁通风管路的密闭阀门。

因此毒剂报警器探头的安装必须尽量远离第一道密闭阀门，报警器灵敏度要高，以便为报警信号发出、阀门关闭留下一定的时间。由于这个时间的主要决定因素是阀门的关闭时间,而在关闭前气流运行的距离还与探头到防爆波活门之前的风道断面及其风速有关,为保险起见,密闭阀门的关闭时间 τ 应不大于 5s,反推得到的就是报警器探头到防爆波活门或第一密闭阀门的最小安装距离。实际工程中,这段风道有的能满足要求,有的工程不易达到要求,需要通风专业与建筑专业相互协调,增大风道断面,可以降低平均风速,缩小距离。在实际设计中,不要忽视扩散室的断面和长度,可以有效地减少报警器探头到第一密闭阀门的距离。这正是防化设计计算应该发挥作用的地方。

74. 当战时为竖井进风时,如何计算毒剂报警器探头到进风防爆波活门的距离?

根据《人民防空工程防化设计规范》RFJ 013—2010(7.1.6-1)式,V_a 是清洁式通风时,探头到防爆波活门之间穿廊内的平均风速。

当战时为竖井进风时,为了防光辐射和雨水浸湿,并便于维护和观察,探头设在进风竖井下方水平风道一端,此时,取进风竖井下方探头壁龛到防爆波活门间的水平风道截面的平均风速为 V_a,然后根据(7.1.6-1)式进行计算。

75. 工程是否有必要设置生物报警器?

对于重要的指挥工程可设置生物报警器,但其报警灵敏度与响应时间还需通过专项研究确定。

工程设置生物报警器的目的是及时获得工程遭到生物战剂袭击的信息,以便及时实施防护。但是当前工程几乎没有可供选择的生物报警器,原因一是生物战剂种类众多,没有能涵盖所有生物战剂的报警器。二是即使对主要的生物战剂实施检测报警,因其报警响应时间过长,与化学报警器以秒为单位的反应不同。技术成熟的荧光原理的生物粒子报警器也长达 10 多分钟,这几乎无法达到监测—报警—响应的目的。

如果放弃对生物粒子的特异性反应要求,只对含有生物粒子的气溶胶报警,在理论上可以实施,因为工程可以完全不考虑具体的生物袭击种类,而先实施防护。目前商业销售的生物报警器基本基于此种理念,即只检测空气中生物气溶胶粒子的浓度,当生物气溶胶粒子浓度的变化速率超过一定限值后,就发出报警。随后通过联动检测的办法,使用生物气溶胶采样装置和检测装置,通过标准的检测试剂或试纸条对采集下来的生物气溶胶是否为规定的生物战剂进行判断。整个报警、采样、检验过程为 10~20 分钟。

但在复杂的城市遭袭背景下,有多种原因会导致城市大气环境的生物气溶胶浓度增高(比如花粉、霉菌等),达到生物气溶胶报警的限值,这样的报警器会由于不断发出的虚警信号而失去意义。虽然可以通过采集自然本底,通过统计学方法减少误报，但实际上其虚警率依然较高。如果对每次报警都予检测并转换工程防护状态，则检测试剂等的消耗量、成本巨大，也会造成工程防护资源的浪费。

另外，遭受生物袭击到发病常常有一定的潜伏期，不会发生化学袭击那样的急性效应（需要特别说明的是，生物毒素具有化学战剂类似的急性杀伤效果，但不具备传染性）。往往是等一定数量人员出现了相似的流行病学症状后，才会引起各方的注意，通过流行病学调查和相关检测后才能确定生物袭击的大概地点和种类。

对人防工程这样人员密集且有利于致病微生物传染的地下环境，如何进行生物报警确实是个难题。可以充分借鉴应对新冠肺炎疫情的成熟经验，比如大数据、混检、封闭隔离、在线消杀、大风量通风、局部净化等，有效降低生物威胁。

76. 工程防化监测设计中应包括哪些要素？

人防工程防化监测设计重点考虑空气放射性监测、人员出入放射性沾染检查、空气染毒监测、空气质量检测、过滤通风系统阻力监测、工程超压监测六个方面要求。

其中，空气放射性监测主要包括三项内容：（1）工程遭受核武器袭击时，工程口部附近 γ 辐射剂量率监测；（2）工程进风口部附近、工程内部主要部位（油网滤尘器进风端、滤尘器室、粒子过滤器出风口、内室重要房间）的空气放射性水平；（3）工程内氡累积活度的实时监测。

人员出入放射性沾染检查是对从放射性沾染区进入工程的人员进行全身放射性沾染水平及人员洗消效果的检查。

空气染毒情况的监测是指对漏入毒剂的监测，主要监测防毒通道密闭门是否有毒剂渗透及滤毒通风系统尾气是否有毒剂穿透。

空气质量监测是对工程内重要部位的空气品质进行连续监测，为启动或停止使用空气净化装置及生氧装置提供依据。

过滤通风系统阻力监测是对油网滤尘器及过滤吸收器或粒子过滤器阻力进行监测，当阻力超标时发出报警信息，为器材的更换提供依据。

工程超压监测是对工程超压值进行实时监测，当超压低于额定值时发出报警信息，为采取相应的应急处置措施提供依据。

此外，可根据工程防化等级，在防化值班室设置超压测量装置；在滤尘器室应设置油网滤尘器阻力监测仪；为粒子过滤器或过滤吸收器配备阻力监测仪；对于战时有人员出入需求的重要工程，应在洗消间入口及穿衣检查室各设置一台人员放射性沾染检查仪，或留有防化保障人员使用手持式沾染检查仪进行人体表面沾染程度和洗消彻底程度检查的位置。

为提高工程防化保障的信息化水平，上述工程防化相关的监测信息应能实时、自动传输至核生化控制中心，确保工程防化值班员能及时获取工程防化安全态势信息并采取相应的防护处置措施。

77. 人防工程中空气染毒自动监测点位于工程的什么位置？

空气染毒自动监测分为通道透入监测和过滤吸收器尾气监测。

空气染毒监测点设置在内室通道和进风机室两处。第一个监测点为内室通道内监测点，通常设在工程口部的最后一道密闭门内 1m 处，监测仪放置在不影响人员通过，且便于工作人员操作的台面上，高度通常在 800~1000mm，并稳定摆放。第二监测点设在滤毒进风机出口处。

《人民防空工程防化设计规范》RFJ 013—2010 第 8.0.1 条，规定了空气染毒监测的要求；第 8.0.4 条中对何种工程采用自动监测方式进行了规定。为保证防护效果，建议一、二类设防城市的重点工程内设置空气染毒监测。

78. 工程防化控制应实现哪些功能？

（1）防化级别为乙级的人防指挥工程，应根据射线、毒剂报警信息，通过核生化控制中心（箱）实现隔绝式防护和三种通风方式的自动转换。

（2）防化级别为乙级的其他人防工程，应根据毒剂报警信息及辐射预警通告信息，通过核生化控制中心或控制箱驱动设备自动控制工程转入隔绝式防护。

（3）隔绝式防护和清洁式、滤毒式、隔绝式三种通风方式转换的声光信号箱应设在防化值班室、总控制室、电站、控制室、风机室、指挥室、作战值班室、防化化验室、出入口最内一道密闭门的内侧和其他需要设置的地方。

（4）滤毒式通风时，应对油网滤尘器、滤尘器、过滤吸收器等器材的阻力、通风量以及工程超压值等进行实时监控。

（5）战时出入口最外一道防护密闭门或防护门外侧，应设置有防护能力的音响信号按钮，音响信号应设置在防化值班室。

（6）防化级别为乙级的人防工程应具有接收核袭击信息的音响报警能力，防化级别为丙级的人防工程应具有接收核、化袭击信息的音响报警能力。防化级别为乙级、丙级的人防工程应具有与当地人防指挥机关相互联络的基本通信和应急通信手段。

79. 工程防化相关设备的电力负荷等级是如何划分的？

《人民防空工程防化设计规范》RFJ 013—2010 第 9.1.2-5 条"防化级别为甲、乙、丙级的工程防化值班室内均应设置电源配电箱和电源插座，配电箱按一级负荷容量分别不小于 5kW、4kW、3kW。电源插座的设计应符合现行人防工程规范、标准的规定"，即防化电源配电箱负荷等级为一级，为插座箱或插座供电，核、生、化报警器接电，为一级负荷供电。

5.2 防化报警、监测与控制设备要求

80.口部毒剂报警器探头安装处抗冲击波的具体措施有哪些？

口部毒剂报警器探头壁龛尺寸宜为 500mm×600mm×600mm，探头安装处宜设抗冲击波的保护措施。

目前，口部毒剂报警器探头处抗冲击波措施主要有以下两种方式：

（1）在壁龛口加装防护密闭封堵板

参考《人民防空工程防护设备选用图集》RFJ 01—2008，在壁龛口上加设 FMDB0606（5）型防护密闭封堵板，并增加两根 $DN15$ 热镀锌通气管，详见参考文献 [7]P107，图 4-3~图 4-5；毒剂报警器的取样口，用一根带 $d15$ 接头的连接管（聚四氟乙烯），与剖面 A 阀 $DN15$ 螺纹管连接，需监测时球阀 A 和 B 同时开启，A 阀为进气口，B 阀为排气口；报警器通电后直接吸入外部空气进行自动检测。

（2）在壁龛口加装悬摆式防爆波活门

悬摆式防爆波活门设在进风气流直接冲击的部位，防爆波活门 HKD606，是壁龛的专用设备。安装样式详见参考文献 [7]P109，图 4-6 和图 4-7，壁龛下缘距地 1000mm。

81.防护通风控制箱（盒）的基本功能配置要求是什么？

防护通风控制箱（盒）的基本功能配置要求如下：

（1）防护方式控制

a.可本地及远程控制，实现隔绝式防护及过滤式防护；

b.可本地及远程控制，实现清洁通风、滤毒通风及隔绝防护时的内循环通风；

c.具备滤毒通风转换至清洁通风时防误操作功能。

（2）状态显示

a.显示隔绝式防护；

b.显示清洁式通风、过滤式通风及隔绝防护时的内循环通风三种通风方式；

c.对于高等级工程，能显示不同防护方式及通风状态下进、排风机，水泵，阀门的运行状态；

d.对于高等级工程，能接收并显示核生化报警信息、滤毒通风量、工程超压，并具有声光报警功能。

（3）通信

a.具备与核生化报警监测设备及风量测控设备的通信接口；

b.具备与工程智能化系统的通信接口。

82. 防化报警、监测与控制设备的通信协议是否统一？

人防工程防化报警、监测与控制设备主要包括空气放射性监测仪、氡监测仪、口部毒剂报警器、毒剂监测仪、空气质量检测仪、风量测控装置、超压测量装置及核生化控制中心等。

为实现人防工程在信息化作战条件下有效的防化保障，核生化控制中心应能实时接收上述防化报警监测设备发出的工程防化态势信息，并进行综合分析处理，生成并上传专家辅助决策报告，为工程采取正确的防护方式提供依据。为保证上述功能实现，防化报警监测设备与核生化控制中心应能实现信息互联互通。因此，各设备应采用统一的通信协议，以保障工程实现有效的核生化防护。

5.3 防化报警、监测与控制设备运用相关问题

83. 对工程实施放射性监测的措施主要有哪些？

通过在工程口外和内部设置相应的放射性监测报警设备及取样设施实现对工程的放射性监测报警，为工程采取正确的防护方式提供依据。

战时人员主要出入口、脱衣室入口及穿衣检查室入口分别设置一台人员放射性沾染检查仪，其功能一是对从放射性沾染区进入工程的人员进行全身放射性沾染水平的检查，以判断人员是否应洗消；二是对洗消后的人员进行全身放射性沾染检查，以确定洗消效果是否满足相关标准要求，防止受染人员进入工程内部。

在油网滤尘器前端设置空气放射性监测取样管并穿墙引入滤毒器室，空气放射性监测仪与空气放射性监测取样管连接，实时监测工程进风口附近空气中 α、β 气溶胶。

在工程内部设置氡监测仪，实时测量室内的氡累积活度（浓度）。

84. 设在工程口部最后一道密闭门内的毒剂监测仪设置高度有什么要求？

设在工程口部的最后一道密闭门内1m处的毒剂监测仪的放置高度以距地0.8~1m为宜。

设置于该处的毒剂监测仪，主要是对人员出入口及与染毒区的连通口（电站、空调室外机房）的毒剂透入实施监测报警。成人呼吸带高度约为1.5m左右，同时考虑便于设备的操作维护，毒剂监测仪的放置高度一般距地0.8~1m较为适宜。

85. 工程转入隔绝式防护后可以立刻开启隔绝通风吗？

隔绝通风是工程处于隔绝式防护时，利用工程内的空气进行内循环。

对于一般人防工程，在隔绝式通风运行时，送风口区域是正压，回风口区域是负压区，此回风口设在工程的次要出入口。口部门在不气密的情况下，存在内外压差，会有漏毒的风险。因此工程转入隔绝式防护，开启内循环通风前，应再一次做好密闭性检查工作：

（1）检查出入口的门、通风系统密闭阀门和自动排气活门等的密闭状况；
（2）检查水封井和地漏是否注足水；
（3）检查各种穿密闭隔墙的管孔是否密闭等。

必须对工程所有孔缝气密确认无误后，才可启动内部的隔绝式通风。

86. 在电气专业图纸审查中，应重点关注哪些防化专业内容？

电气设计图纸防化审查内容主要有以下几项：

（1）每个工程都应有如图 4-7 所示的三防控制系统原理图。三防系统原理图中，防化报警器探头、主机、控制台（或主控箱）与各分控箱、配电箱或被控设备之间的关系应清楚正确。

（2）三防系统控制平面图内各设备应齐全，位置应符合规范要求。

（3）毒剂与射线报警器的位置及电缆敷设应符合规范要求。

（4）防化用电插座应符合规范要求；防化级别丙级的人防工程，防化器材储藏室应设置单相 5A 三孔电源插座 1 个。洗消间、脱衣室和检查穿衣室内应设 AC 220V/10A 单相三孔带二孔防溅式插座各两个。

（5）防化值班室、防化化验室、洗消间配电及防化报警器接地应可靠。

（6）防化级别为甲、乙、丙级的人防工程防化通信值班室内设置防化电源配电箱和插座箱，配电箱按一级负荷，容量分别不小于 5kW、4kW、3kW。

（7）在防化通信值班室内设置隔绝式防护和三种通风方式控制箱，在战时进风机室、排风机室、防化通信值班室、值班室、柴油发电机房、电站控制室、人员出入口（包括连通口）最里一道密闭门内侧和其他需要设置的地方，设置显示隔绝式防护和三种通风方式的灯箱和音响装置。

（8）在每个防护单元战时人员主要出入口防护密闭门外侧，应设置有防护能力的音响信号按钮（呼叫按钮）。

（9）有电磁屏蔽要求的工程，外电源线，射线报警与毒剂报警电缆线引入工程时应设置电磁脉冲防护措施。

第 6 章
人防工程洗消系统设计

6.1 人防工程洗消设计要求

87. 什么是工程洗消？

工程洗消一般是指对工程口部染毒部位的洗消和口部进排风管段的洗消。在外界污染的条件下，工程可以保障内部人员在一定时间内安全生存与作业，但工程口部的污染会在一定程度上影响到人员的安全出入，使内部染毒风险增大，如果能及时对污染的道路、地面实施消毒，可以在一定程度上减轻工程内洗消保障的压力。在工程的使用过程中，如果需要保障在污染条件下人员进出工程，则洗消的目的只是降低工程口部的污染程度，不是终末消毒，所以通常不选用湿法消毒，以减少对工程口部洗消后的使用影响。干法洗消以消除可见固体粉末、液体污染物污染的范围为主。比如对明显可见的固体粉末清扫、铲除，对液体污染面以吸收或覆盖法清除，必要情况下可以用不透气材料铺垫阻隔。具体消毒工作量由口部地面的染毒密度决定。

工程洗消工作通常分内、外两段进行，工程内部的洗消工作由工程内的防化保障人员负责，工程口部的洗消通常由工程外的防化专业队负责。工程内以控制不发生地面染毒为主，空气消毒由排风换气完成。工程外的洗消方法与采用的消毒剂种类则根据工程当时的使用要求确定。如果是战后的洗消，则考虑全面洗消和彻底洗消。

88. 工程头部哪些部位是染毒区和允许染毒区？这些部位与洗消设计有什么关系？

人防工程依据染毒（沾染）的程度以及各部分使用功能的不同可分为染毒区、允许染毒区（也称过渡区、污染控制区等）、安全区（也称清洁区）三个区域。

（1）染毒区是第一道密闭措施以外的区域，一般包括穿廊、缓冲通道、进排风扩散室，也包括密闭水封井以外的下水道及坑道密闭肋以外的毛洞和工程头部被覆之间的空隙以及进排风管道第一道密闭阀门以外的区域等。

（2）允许染毒区是介于染毒区和安全区之间可能被受染气体污染的过渡区域，一般是指防毒通道、脱衣间、淋浴间以及密闭通道、除尘室、滤毒室等部位。在人防工程设计图中，常称此区域为染毒区，其实是不准确的。因为和真正的染毒区相比，这个区域不应有地面的液体污染，只允许其有空气污染。允许染毒区的含义即最好不污染，但可以短时间污染。

（3）安全区是最后一道密闭措施以内的区域，主要指内室。

这三个区域正是为保护内室的清洁而划分出来的。在污染条件下，工程由外向内无论是在人员流动线和空气流线上都会出现污染程度由高向低直至清洁的分布，工程就要保证污染逐级降低直至对人员无害。工程的清洁区应在工程全部使用过程中都不能污染，内部产生的有害气体通过补充新风和排风解决；允许染毒区只允许少量的空气受染，即在人员不得已进入工程时，通过少量的空气带入和服装带入，造成局部区域的受染；在滤毒通风时，使用的滤尘器与滤毒器有可能因更换造成局部房间空气受染。总之，这一区域只能允许空气受染，不能允许有液态毒剂污染，即使空气污染也是时间短、程度轻。允许染毒区在短时间的染毒过程中，可以通过局部的排风换气，局部空气内循环过滤等方法消除污染。这一区域的防化设计原则是通过有效地控制区域面积，减少容积，以增加工程的有效换气次数。

染毒区是针对工程使用过程中不可能避免的染毒情况而事先设置的有限区域。这个区域由于爆炸、人员进入时物品和服装的带入，有可能造成液体染毒。尽管在使用中应尽量减少其染毒程度，但考虑到工程面临的各种实际情况，设计中则要设置或预留该区域的洗消设施，特别是用水冲洗的洗消设施以及用电、取水、排水的设计。染毒区在战后是工程洗消的重点。

89. 染毒人员进入工程必须经过的洗消流程？

战时出入工程的防化保障比较复杂。工程采取的基本防护对策是隔绝式防护，严格控制人员出入。但在特殊且必要的情况下，如工程外有一定的放射性烟云、化学毒剂、生物战剂气溶胶或不能判断是什么类型的毒剂毒物袭击时，就要区别对待。其中生物战剂或不明毒剂袭击时禁止人员进出工程；在暂时性毒剂袭击时，可以等待暂时性毒剂烟云扩散，毒氛云团消散后再进工程；对于持久性毒剂袭击，特别是高毒性的持久性毒剂袭击，要求的防化保障程序最复杂，消耗的保障资源也最多。在确有必要和外界环境允许的情况下，对具备滤毒通风与洗消保障的工程，应区分情况，有针对性地保障进入工程的行动，且只允许极少量的人员进入工程。若工程遭到持久性毒剂袭击，处于毒袭的上风方向，且工程配备有较完善的防化保障设施与人员，可以允许少量人员进入。其进入的一般程序是：

①待进入人员全身防护，在工程口部集结，分组。

②人员在工程口外（应设冲洗龙头，用于皮肤沾染的紧急处理）处理防毒靴套底污染严重的部位，然后踏入事先准备有消毒液的消毒池中，将靴套底及靴套大部

分浸没，并用硬刷子协助刮擦，适度处理可能污染的部位。

③在缓冲通道（如无缓冲通道，则为第一防毒通道）外事先准备好的消毒垫上充分擦除消毒剂残液。

④在得到允许后，成组人员依次进入工程的缓冲通道内，在通道内人员间隔1m左右，相互监督，脱除外罩、脱除靴套、防毒手套。此过程一定不能使内部衣服、皮肤等与外衣表面接触。脱除的衣物在防化保障人员的协助下密封后放入染毒衣物存放间，或集中在不影响人员行动的地方。如果有准备带入工程的少量样品盒或文件袋等，也要同时实施外包装消毒，交由防化保障人员传递到防化化验室做进一步的消毒处理或化验检测。如工程未设缓冲通道，则本程序应在第一防毒通道内进行。

⑤人员经允许后进入第一防毒通道，人员保持间距，充分排风换气3~5min，以排除带入的污染空气，等待进入脱衣间的指令。

⑥人员进入脱衣间后，自行或相互帮助，用氯胺类皮肤消毒剂、酒精等进行擦拭补充消毒，特别是手部、头颈部、发际、耳朵等。在消毒时也要对防毒面具罩体进行消毒。在消毒完毕后，人员要脱去全部衣物。

⑦人员进入淋浴间，脱除防毒面具，淋浴过程中重点对消毒剂擦洗过的部位进行冲洗，完成人员的全身卫生处理，彻底消除残留污染和消毒剂。必要时两人一个喷头，交替使用。

⑧人员淋浴完成后，依次进入穿衣检查间进行消毒彻底程度检查。不合格时应返回淋浴间重新冲洗，合格后，换上事先准备好的干净衣物，待命。

⑨收到可以进入工程内室的指令后，打开穿衣间的门进入工程内室。通常，进入人员要集中休息，并停留观察一段时间。

仅从以上过程的描述可知，即使是工程有滤毒通风和人员洗消的条件，受袭击情况的影响，不可能允许人员随时进入工程。如果必要情况下允许人员进入，也由于防化保障过程复杂，必须在物质条件充分的情况下进行，由一定数量的防化保障人员进行全过程保障、监督和管理，包括事先配制各种类型、浓度的消毒剂，准备消毒用具、消毒废弃物封存容器，准备淋浴用水、干净物品，消毒彻底程度检查设备准备等。且这些防化保障人员事后也要进行消毒、消除。可见，减少人员的战时出入十分必要。

90. 外界污染条件下人员进入工程通常有哪些洗消方法？

主要有两种洗消方式：

（1）局部紧急消毒

①皮肤：人员皮肤染毒后，应迅速用纱布或棉球、卫生纸等吸去可见的毒剂液滴，再用皮肤消毒剂，见表6-1，用消毒水溶液擦洗染毒部位，然后用净水清洗。

②眼：眼睛接触毒剂后，应立即用清水或2%碳酸氢钠水溶液亦或0.01%高锰酸钾水溶液反复清洗。

（2）全身洗消

必须在局部紧急消毒后，再用温水进行全身淋浴而实现彻底洗消。

常用皮肤消毒剂　　　　　　　　　　　　　　　表 6-1

消毒剂名称	消除毒剂的种类
2% 碳酸钠水溶液	G 类毒剂（神经性）
10% 氨水	G 类毒剂（神经性）
10% 三合二水溶液	G 类、糜烂性毒剂
10% 二氯异三聚氰酸钠水溶液	V 类、糜烂性毒剂
10% 二氯胺邻苯二甲酸二甲酯溶液	V 类、糜烂性毒剂
18%~25% 一氯胺醇水混合溶液或 5% 二氯胺酒精溶液	糜烂性毒剂
5% 碘酒或 5% 二巯基丙醇软膏	路易氏剂

91. 仅有简易洗消间设计的工程是否就意味着人员洗消不彻底？

在外界受染的情况下，人员进入工程必须经过一定的洗消程序，但是并不只有经过水冲洗的方法才是洗消，因为洗消的目的是降低污染等级，并在可能的情况下逐步进行，直至达到允许污染等级。至于用什么方法，通过什么样的步骤等并没有规定。因此在战时人员出入可能性极小的工程中（单纯的人员掩蔽部）就可能通过设置简易洗消间来解决人员受染后进入工程而不致使工程受染的问题。

对人员掩蔽工程，如果有人员必须在外界受染时进入，可以在指定的区域（简易洗消间），受染人员自己按照消毒、消除程序，擦除污染部位、脱除受染衣物、进行充分的排风、清洁皮肤，甚至更衣等，只是因为条件所限不能进行淋浴。这个洗消活动并无时间限制，最终达到消毒、消除的结果，即同样要达到进工程而不带入有毒有害空气的目的。因此，设置简易洗消间的设计可以视为以人员的进入时间换取了工程的洗消空间，并不意味着人员的洗消不彻底。

6.2　工程洗消防化设计

92. 工程洗消间内人员洗消设计布局应是怎样的？

人员洗消是在外界污染条件下保障人员进入工程，避免毒剂带入而采取的必要措施。人员洗消设施是实现人员洗消的物质基础，由一系列的防化设计安排组成。人员洗消，分为有完整的人员洗消设施、器材组成的人员彻底洗消，以及无淋浴设备，只有消毒剂、消除剂、清毒工具的简易洗消两种。这两种洗消最终达到降低有毒物质在体表残留量的要求是一样的，只是洗消完成的时间不同。

如第 89 问所述人员进工程的洗消是由一系列的程序组成的，而且需要专业人员指导与专业设备检测。人防工程洗消间根据人员进入流程，设置脱衣间、淋浴间、穿衣检查间。淋浴是在初步沾染处理后进行。每个淋浴器下方设一个排水地漏,淋浴时人员彼此分开,以保证人员间不相互污染。淋浴前、后的行动足迹不得交叉,也是防止人员重复沾染,保证洗消彻底,故将洗涤盆设在前、淋浴器设在后。设置洗涤盆的考虑是,战时无法准确预测可能出现的情况,很可能有的人员只需要局部冲洗暴露部位,不需要淋浴;也有可能一次进入四名人员,两名淋浴、两名先冲洗暴露部位;人员洗脸、洗手等。

93. 工程简易洗消间设计应关注什么?

简易洗消是经脱除表面明确沾染或染毒衣物后,利用消毒剂或消除剂对确定的沾染、染毒部位进行擦拭消除消毒的办法。通常是在染毒不严重,无皮肤表面破损、外伤的情况下进行的。简易洗消可以无水操作,也可以在使用少量水或溶剂的情况下进行。简易洗消也应在一定的通风条件下进行。根据情况,在洗消作业后,有条件的要更换服装。简易洗消与通常所说的洗消相比,只是减少了淋浴程序。但应注意到,这种简易洗消一般只是在简易洗消间进行,而不是在通常所说的专用人员洗消间分区进行,即依次通过脱衣间、淋浴间、穿衣间等。也就是说无法通过进入不同分区而使空气染毒浓度迅速下降,因此,人员在这个区域内的通风换气时间要相对长。

如果有条件设置穿衣间,通过至少两个房间来完成简易洗消则更好,要注意的是排风走向是从内向外,从内室到穿衣间再到人员实施简易洗消位置的房间,然后排出。

94. 工程染毒区风管的洗消设计有什么要求?

染毒区风管洗消十分困难,因为从进风口、进风扩散室到过滤吸收器前端染毒的程度与毒剂种类紧密相关,若只用通风的办法无法彻底消除污染,则必要时需要用水溶性消毒剂进行彻底冲洗消毒。因此考虑到工程彻底洗消的需要,设计染毒区的风管时至少做到:

(1)染毒区水平风管要保证0.5%的坡度坡向滤尘器室或扩散室;
(2)立管下端宜设积水斗和放水阀;
(3)滤尘器室、扩散室、进排风井均设有防爆清扫口至防爆集水井,不设防爆地漏,防止毒气在不同染毒浓度区间窜流,破坏工程整体防毒效果。

95. 工程主要人员出入口的洗消设计有什么要求?

工程外染毒的情况下,外部人员只在十分必要的情况下才允许进入工程。但对于专业队工程,由于战时城市救援与抢险抢修的需要,工程要有完整的人员洗消条件，人员利用洗消设施完成彻底洗消程序；对专业队和医疗救护工程洗消用水有温度要求，如医疗救护工程的人员淋浴洗消用热水温度按 37~40℃ 计算，其他工程人员淋浴用热水温度按 32~35℃ 计算。

对防空地下室染毒区有冲洗要求的部分，如进风竖井、扩散室、滤尘器室、滤毒器室、战时主要出入口洗消间、简易洗消间、防毒通道及防护密闭门以外的通道、物资库的垂直运输通道等，应设置收集洗消废水的地漏、清扫口和集水坑。冲洗水量宜按照 5~10L/m² 冲洗一次计算；设置的冲洗栓或冲洗水嘴要配备冲洗软管，其服务半径不宜超过 25m，供水压力不宜小于 0.2MPa，供水管径不小于 20mm。工程头部洗消用水量应按冲洗水量标准，洗消表面积要经计算确定。洗消用水应贮存在清洁区内，可按照 10m³ 设计。

96. 工程口部密闭通道是否有必要设计水冲洗设施？

密闭通道是由防护密闭门与密闭门或者两道密闭门之间构成的密闭空间。通过密闭隔绝作用阻挡外界毒剂侵入内室。只要防护密闭门与密闭门满足规范的要求，则可以保证通过该通道向内室漏毒量不超过隔绝防护时间内工程允许量。

所谓密闭通道是不允许人员在室外染毒条件下出入的，因此在设计上仅靠防护密闭门与密闭隔墙或密闭门与密闭隔墙组成空间来降低少量漏入的毒剂浓度，不设置排风设施。

从密闭通道的功能看，此通道不存在液体污染的可能，不需要设计水冲洗设施。

97. 工程口部洗消用水量标准如何确定？

对工程口部的洗消，现有的防化设计规范规定洗消用水按照 5~10L/m² 的标准计算。这个用水量对工程的贮水量、给水管、阀门、泵以及洗消后的污染水贮水坑容积都提出了相应的要求。

在洗消设计中，不是以工程头部的总表面积来计算洗消用水量，而是以工程头部的染毒区的面积来计算。人防工程内室不允许出现污染，由于工程的头部是连接外界染毒区和内部清洁区的过渡、缓冲地带，这个区域易受到污染，通常，工程防化保障人员将这个区域分为染毒区和允许染毒区。

工程人员出入口的消毒通常以各通道为区域展开，在穿廊、缓冲通道等染毒区，如果有人员带入的可见染毒痕迹、液体斑痕等可以用湿法消毒，即配制消毒液，如次氯酸钙、脂肪醇胺等，在应对擦除吸收可见毒剂斑痕后，对重点部位进行喷、刷消毒，必要时反复实施作业。其他部分可进行一般性的喷洒作业，同时进行超压排风消毒。

通过防化保障工作应尽力保证允许染毒区不染毒，一旦染毒则应采取各种方法消除，以保证内室的安全。通常情况下，允许染毒区的第一防毒通道或其他防毒通道，包括人员洗消间和防化化验室等，由于只会产生空气染毒，消毒方法也只是通风换气，以消除污染空气的影响。

事实上，由于工程头部的建筑布局和结构不同，染毒程度也有差别，所以不同类型工程头部及区段的洗消量在实施洗消时要单独计算。值得注意的是，工程头部为洗消后废水贮存预置的洗消污水集水坑应设置在工程的防护密闭门外，而不应设置在防毒通道内。因为防护密闭门内无液态染毒，不需要化学药剂冲洗消毒。

98. 工程内人员洗消用水量标准如何确定？

工程实施洗消的用水量由人员洗消与工程口部洗消两部分用水消耗构成。人员洗消用水量，按照洗消人员数量确定，即工程内部人员的百分数，如防空专业队工程按20%，医疗救护工程按5%~10%计算。其中变动因素是工程在额定的人数下，战时允许进出的人员数量。按照工程防化保障过程，战时工程的实际出入人员要严格控制，因为人员进入工程洗消的关键步骤不是淋浴步骤，而是进入防毒通道时脱除外衣、排风换气的步骤，其次是在脱衣间的局部消毒消除步骤，最终的淋浴只是卫生处理步骤。即使有足够的水量，通道的排风换气也不支持大量人员进入。因此，战时专业队工程洗消人员数量不多，不会有大量染毒人员涌入工程等待洗消的情况出现。

医疗救护工程的洗消不同于专业队工程，因其作业量不是由工程内部人员决定的，而是由当时送入工程的染毒伤员数量决定的。染毒伤员的数量难以准确预估，进而需要保障洗消的人员数量也难以确定准确数量。从以往我国的部分实验和瑞士民防的实验过程看，战时染毒伤员进入工程，由3~4个工作人员直接为伤员实施消毒。由于作业量大，人员处于换班工作的状态，人员洗消的数量随之增加，医疗救护工程人员洗消数量不能由医疗救护工程内部总人数的比例计算出来。

总之，战时洗消用水量受多种因素控制，其不仅是技术问题，也是战术问题。由于核生化危害因素不同，作战背景与危害区域的复杂性，人防防化需要研究的问题还有许多。

99. 坑道掩蔽部排水系统如何密闭防护？

（1）排风井、排风扩散室是染毒区，可设防爆地漏或防爆清扫口；而允许染毒区的脱衣间、防毒通道及染毒装具存放室染毒程度不同，应保持各自为独立的密闭空间，所以均应设防爆清扫口，在合用一个防爆排污井的情况下要防止相互窜气。

（2）战时淋浴间允许有短时间的轻微空气受染，应在有效的通风换气作用下，在规定时间内达到安全要求。它基本算作清洁区，详见参考文献[8]P29。所以它的排水系统不能与允许染毒区排水系统连通，淋浴间的洗消水要考虑到其有污染，应设置独立的排水系统，坑道式工程经由水封井排入防爆消波井。

100. 工程次要出入口排水系统如何密闭防护？

人防工程次要出入口部应按染毒区、允许染毒区和清洁区的排水系统分别采取相应的防护和密闭措施。

（1）允许染毒区设置独立排水系统时，防护和密闭措施主要是在排污泵出口管道上设置防护阀门。

（2）染毒区染毒有地面、墙面污染，且可能受到冲击波作用，不同于允许染毒区，要求排水系统有相应的防护措施：①污水井盖为防护盖板；②进风井、进风扩散室可设防爆地漏或防爆清扫口。密闭通道、除尘室和滤毒室应设防爆清扫口，防止不同染毒程度的区域间窜气和透毒。

（3）在实际工程中，大部分采用两个系统合用一个防爆污水井的做法。进风井和进风扩散室有防爆要求，但没有密闭要求，所以可以选用不锈钢防爆地漏；允许染毒区排污水系统，不仅有防爆要求，还有各自的密闭要求，应设防爆清扫口。

101. 工程内的洗消设计对用电有什么要求？

在一等人员掩蔽部和专业队工程的洗消用电中，加热淋浴器用电功率较大，要根据工程的功能用途与等级进行负荷计算。二等人员掩蔽部、生产车间、仪器站等设有防化电源配电箱和电源插座。无论是何等级的工程，其洗消设备的用电必须满足：

（1）防化用电插座应符合规范要求；

（2）洗消间、脱衣室和检查穿衣室内应设 AC 220V 10A 单相三孔带二孔防溅式插座各 2 个；

（3）洗消间配电接地应可靠。

6.3 工程洗消设备与运用有关问题与审图

102. 染毒后的工程进排风系统哪些部位应洗消？

凡是可能染毒部位，战后均应彻底洗消：

（1）进风系统：①清洁式进风管路、除尘器前的管路；②滤毒式通风管路；③进风井、进风扩散室、除尘室。

（2）排风系统：①排风机出口至扩散室的管道；②活门室、排风扩散室和排风井。

103. 对染毒的工程人员出入口如何消毒？

工程人员出入口的消毒通常以各通道为区域展开。

在穿廊、缓冲通道等染毒区，如果有人员带入的可见染毒痕迹、液体斑痕等可以用湿法消毒，即配制消毒液，如次氯酸钙、脂肪醇胺等，在应对擦除吸收可见毒剂斑痕后，对重点部位进行喷、刷消毒，必要时反复实施作业。其他部分可进行一般性的喷洒作业。同时进行超压排风排毒。

对第一防毒通道或其他防毒通道，主要产生空气染毒，消毒方法也只是通风排风换气，以消除污染空气的影响。由于混凝土墙面、地面、门的表面有一定吸附毒剂的作用，通风时间要适当延长。

104. 人防工程哪些位置可能需要用水冲洗法进行消毒、消除？

工程洗消有很多方法。用消毒水冲洗的方法，由于其洗消对象广谱，消毒消除彻底，常常作为终末消毒的推荐方法。但是由于工程防化的要求，防化设计已经通过分区将工程的染毒区、允许染毒区和清洁区以密闭墙、防护密闭墙和密闭门、防护密闭门等严格区分开来（在设计图纸上是以闭合的密闭线呈现出来）。在有可能出现液态毒剂染毒的部位，设计中要体现水冲洗法消毒、消除的措施。这些部位主要位于工程口部的染毒区（第一道密闭措施以外）：一是通风系统中的进排风系统的进排风风井、进排风扩散室、除尘室以及相应的通风管段；二是人员进入部位的主要人员出入口防护密闭门以外的穿廊、缓冲通道等区域。其中对通风系统的洗消比人员出入口的洗消难度大，在设计上要充分考虑各种洗消措施联合使用的问题。

105. 人防工程内是否需要考虑生物污染净化？这对人防工程设计有何影响？

人防工程内需要考虑生物污染净化，但这不等于工程内对生物武器袭击后的污染消除。因此应区别一般的由于人员密集产生的室内环境生物污染与生物武器攻击造成的生物战剂污染。本题目设定为，在工程战时启用后，由于大量人员聚集，生活垃圾及废弃物产生而造成的工程内环境恶化、微生物滋生等问题而需要的生物污染净化，包括对重点污染产生点进行的消毒灭菌，以减少由于环境潮湿，人均新风量不足，厕所、垃圾管理不到位，人群密集、活动受限，以及因有害微生物繁殖而可能产生的呼吸道、消化道或皮肤等疾病发生的风险。工程生物净化的主要目的是减少通过空气传播传染病的可能性。

生物污染净化消毒除已知的引入一定量的新风稀释通风方法外，依原理主要有物理法和化学法。

物理法基于过滤有害气溶胶，去除细菌、孢子等有害微生物，可依靠空气净化器将空气中颗粒物滤除，粘附于灰尘上的细菌、孢子也可以同时被截留在过滤材料表面上。更为安全的办法是静电除尘，通过电离放电使过滤材料表面的细菌、孢子死亡。当然对包括病毒在内的其他病原体，杀灭方法还有广谱性的紫外杀菌灯、纳米光催化（以紫外光催化氧化附着在纳米催化材料表面的有机物及病毒、细菌等）等。

化学法主要是使用化学消毒剂对空气进行喷洒消毒或化学熏蒸，如过氧乙酸、高锰酸钾、甲醛、臭氧等。但是化学喷洒和熏蒸等方法不适合在人员停留的地方进行，这就对在用的人防工程内使用有一定的限制。而过滤除尘，包括结合静电除尘的方法，除菌作用较好。不过单纯依靠滤除杀灭病毒有局限性。

因此，人防工程内的生物污染净化要根据具体情况，选择性或应用多种办法联合实施，特别是纳米光催化氧化方法，由于其广谱性和高催化氧化活性，近年来在室内空气净化中得到越来越多的应用。

人防工程的防化设计是为减少工程中化、生、放危害的影响而实施的，因此一旦明确了工程内生物污染与化学污染产生的原因、污染产生的主要区域、可能的污染强度、污染消除方法等，就应在防化设计中尽可能为消除化学与生物污染提供方便。已知生物污染的危害效应与化学污染危害有协同作用，所以工程内空气污染控制需要多种手段，包括技术性和非技术性措施的运用。当前室内空气生物与化学污染的净化，绝大多数需要通过局部内循环通风除尘方式，部分以活性炭吸附及光催化氧化（紫外光源）的方式解决。因此在工程内主要人员房间内一定要提供足够的电源插座，以保证在日益增加的用电需求中能满足空气净化的需求。

106. 在审水专业图时重点审查防化专业的哪些问题？

给水排水防化设计主要审查以下几点：
（1）人员洗消及口部洗消给水及化验室给水的管线与设备应标绘清楚；
（2）淋浴室内洗涤盆与淋浴器的布置应符合人员足迹不交叉的要求；
（3）各洗消用排水系统的防爆清扫口、地漏、排水管线、染毒污水集水池（化验室排水入染毒污水集水池）应齐全、正确；
（4）审查口部排污系统：严禁染毒区向允许染毒区窜气，严禁允许染毒区向清洁区窜气和污水反流；
（5）工程内生活污水集水池的直通排气管应接入工程排风管内。

附　录

人防工程标准、规范、图集、政策法规、技术文件等资料是人防工程设计、施工、验收和维护管理的依据，收集、整理一个目录很有意义。尤其是人防工程有许多地方性规范、规定或政策不为外人熟知，经常因此产生错误。为开阔视野，我们也希望收集、整理部分国外防护工程设计标准等资料，目前只暂列了美国的资料。

收集、整理资料当然是越齐全越准确越好，但因为承担收集和整理任务的人员受业务范围和精力等所限，各地完成情况不一，有的较齐全，但有的较简略，有的详细标出了来源和是否仍有效等信息，但有的只是简单列出。由于时间和水平等原因，丛书出版之前难以使之更加完善。本着抛砖引玉的想法，我们将收集的全国通用的人防工程相关文件、资料，以及部分省级人防工程资料列出，仅供参考。资料汇总目录将在"人防问答"网上持续更新，欢迎读者登录该网积极提供并反馈信息。

全国通用人防工程资料目录
（安国伟整理）

一、设计

（一）标准规范

1.《人民防空工程供电标准》RFJ 3—1991

2.《人民防空工程基本术语》RFJ 1—1991

3.《人民防空工程照明设计标准》RFJ 1—1996

4.《人民防空地下室设计规范》GB 50038—2005

5.《人民防空工程设计防火规范》GB 50098—2009

6.《地下工程防水技术规范》GB 50108—2008

7.《轨道交通工程人民防空设计规范》RFJ 02—2009

8.《人民防空工程防化设计规范》RFJ 013—2010

9.《人民防空医疗救护工程设计标准》RFJ 005—2011

10.《城市居住区人民防空工程规划规范》GB 50808—2013

11.《汽车库、修车库、停车场设计防火规范》GB 50067—2014

（二）标准图集

1.《塑料模壳钢筋混凝土双向密肋板通用图集》91RFMLB
2.《人民防空地下室设计规范》图示—建筑专业 05SFJ10
3.《人民防空地下室设计规范》图示—给水排水专业 05SFS10
4.《人民防空地下室设计规范》图示—通风专业 05SFK10
5.《人民防空地下室设计规范》图示—电气专业 05SFD10
6.《防空地下室室外出入口部钢结构装配式防倒塌棚架结构设计》05SFG04
7.《防空地下室室外出入口部钢结构装配式防倒塌棚架建筑设计》05SFJ05
8.《防空地下室室外出入口部钢结构装配式防倒塌棚架 建筑、结构（设计、加工）合订本》05SFJ05、05SFG04
9.《人防工程防护设备图集》RFJ 01—2005
10.《防空地下室建筑设计示例》07FJ01
11.《防空地下室建筑构造》07FJ02
12.《防空地下室防护设备选用》07FJ03
13.《防空地下室移动柴油电站》07FJ05
14.《防空地下室设计荷载及结构构造》07FG01
15.《钢筋混凝土防倒塌棚架》07FG02
16.《防空地下室板式钢筋混凝土楼梯》07FG03
17.《钢筋混凝土门框墙》07FG04
18.《钢筋混凝土通风采光窗井》07FG05
19.《防空地下室给排水设施安装》07FS02
20.《防空地下室通风设计示例》07FK01
21.《防空地下室通风设备安装》07FK02
22.《防空地下室电气设计示例》07FD01
23.《防空地下室电气设备安装》07FD02
24.《防空地下室建筑设计（2007年合订本）》FJ01~03
25.《防空地下室结构设计（2007年合订本）》FG01~05
26.《防空地下室通风设计（2007年合订本）》FK01~02
27.《防空地下室电气设计（2007年合订本）》FD01~02
28.《防空地下室固定柴油电站》08FJ04
29.《防空地下室施工图设计深度要求及图样》08FJ06
30.《人民防空工程防护设备选用图集》RFJ 01—2008
31.《防空地下室给排水设计示例》09FS01
32.《人防工程设计大样图》RFJ 05—2009
33.《城市轨道交通人防工程口部防护设计》11SFJ07
34.《人民防空工程复合材料（玻璃纤维增强塑料）轻质人防门选用图集》RFJ 003—2013

35.《人民防空工程复合材料轻质人防门选用图集》RFJ 002—2016

36.《人民防空工程复合材料（连续玄武岩纤维）人防门选用图集》RFJ 002—2018

（三）政策法规

1.《中华人民共和国人民防空法》（2009修正），全国人大常委会，1997年1月1日施行

2.《关于规范防空地下室易地建设收费的规定》（计价格〔2000〕474号），国家国防动员委员会等，2000年4月27日施行

3.《人民防空工程建设监理暂行规定》（〔2001〕国人防办字第7号），国家人民防空办公室，2001年3月1日起施行

4.《人民防空工程平时开发利用管理办法》（〔2001〕国人防办字第211号），国家人民防空办公室，2001年11月1日起施行

5.《人民防空工程建设管理规定》（国人防办字〔2003〕第18号），国家国防动员委员会等，2003年2月21日发布施行

6.《人民防空工程设计管理规定》（国人防〔2009〕280号），国家人民防空办公室，2009年7月20日施行

7.《人民防空工程施工图设计文件审查管理办法》（国人防〔2009〕282号），国家人民防空办公室，2009年7月20日施行

8.《关于全国人防系统统一采用卫星通信信道和传输设备有关问题的通知》（国人防〔2009〕285号）

（四）技术文件

1.《全国民用建筑工程设计技术措施—防空地下室》2009JSCS—6

2.《平战结合人民防空工程设计指南》2014SJZN—PZJH

3.《防空地下室结构设计手册》RFJ 04—2015（共4册）

二、施工与验收

1.《人民防空工程施工及验收规范》GB 50134—2004

2.《地下防水工程质量验收规范》GB 50208—2011

3.《人民防空工程质量验收与评价标准》RFJ 01—2015

三、产品

1.《人民防空工程防护设备产品质量检验与施工验收标准》RFJ 01—2002

2.《人民防空工程防护设备试验测试与质量检测标准》RFJ 04—2009

3.《人民防空工程复合材料防护密闭门、密闭门标准》RFJ 001—2016

4.《人民防空工程复合材料（连续玄武岩纤维）防护密闭门、密闭门质量检测标准》RFJ 001—2018

5.《RFP型人防过滤吸收器制造与验收规范（暂行）》RFJ 006—2021

6.《人民防空工程复合材料（玻璃纤维增强塑料）防护设备质量检测标准（暂行）》RFJ 004—2021

7.《人防工程防护设备产品与安装质量检测标准（暂行）》RFJ 003—2021

四、造价定额

1.《人防工程概算定额》（2007）国家人民防空办公室

2.《人防工程工期定额》（2007）国家人民防空办公室

3.《人民防空工程建设造价管理办法》（国人防〔2010〕287号），国家人民防空办公室

4.《人民防空工程防护（化）设备信息价管理办法》（国人防〔2010〕291号），国家人民防空办公室

5.《人民防空工程投资估算编制规程》RF/T 005—2012

6.《人民防空工程估算指标》，国家人防防空办公室，2012年6月18日实施

7.《人民防空工程预算定额》共分四册：第一册掘开式工程HDY99—01—2013；第二册坑地道式工程HDY99—02—2013；第三册安装工程HDY99—03—2013；第四册附录，国家人民防空办公室，2013年10月29日实施

8.《人民防空工程工程量清单计价规范》RFJ 02—2015

9.《人民防空工程工程量计算规范》RFJ 03—2015

10.《关于实施建筑业"营改增"后人防工程计价依据调整的通知》（防定字〔2016〕20号），国家人防工程标准定额站，2016年5月1日执行

五、维护管理

1.《人防工程平时使用环境卫生要求》GB/T 17216—2012

2.《人民防空工程设备设施标志和着色标准》RFJ 01—2014

3.《人民防空工程维护管理技术规程》RFJ 05—2015

北京市人防工程资料目录

（卫军锋整理）

一、标准规范

1.《防空地下室通风图》（通风部分 内部试用）FJT—2003

2.《人防工程防护设备优选图集》华北标BJ系统图集14BJ15—1

3.《北京市人民防空工程平时使用设计要点（试行）》（京人防办发〔2019〕35号附件），2019年3月25日印发

4.《平战结合人民防空工程设计规范》DB11/ 994—2021

二、政策法规

1.《北京市人民防空工程建设与使用管理规定》（北京市人民政府令第1号），1998年5月1日实施

2.《北京市人民防空条例》，北京市第十一届人大常委会第33次会议通过，2002年05月1日实施

3.关于印发《北京市民防规范行政处罚自由裁量权行使规定》和《北京市民防

规范行政处罚自由裁量权细化标准（试行）》的通知，北京市民防局，2010年11月29日施行

4. 关于《关于落实中小学校舍安全工程有关人防工程建设政策的通知》的备案报告（京民防规备字〔2011〕9号），北京市民防局、北京市教育委员会，2011年3月5日施行

5. 关于印发《北京市民防行政处罚规程》的通知（京民防发〔2013〕142号），北京市民防局，2013年9月22日施行

6. 关于印发《北京市民防行政处罚信息归集制度（试行）》的通知（京民防发〔2014〕92号），北京市民防局，2014年9月4日施行

7. 关于《北京市人民防空工程建设审批档案管理办法》的备案报告（京民防规备字〔2015〕1号），北京市民防局，2015年1月26日施行

8. 关于印发《北京市固定资产投资项目结合修建人民防空工程审批流程（试行）》的通知（京民防发〔2015〕11号），北京市民防局，2015年3月1日起试行

9. 关于印发《北京市民防行政处罚裁量基准》的通知（京民防发〔2015〕85号），北京市民防局，2015年11月25日施行

10. 关于修订《结合建设项目配建人防工程面积指标计算规则（试行）》并继续试行的通知（京民防发〔2016〕47号），北京市民防局，2016年6月28日施行

11. 《关于细化北京市防空地下室易地建设条件的通知》（京民防发〔2016〕54号），北京市民防局，2016年6月30日施行

12. 关于印发《结合建设项目配建人防工程战时功能设置规则（试行）》的通知（京民防发〔2016〕83号），北京市民防局，2016年11月14日施行

13. 《关于加强社区防空和防灾减灾规范化建设的意见》（京民防发〔2016〕91号），北京市民防局，2016年12月2日施行

14. 《关于城市地下综合管廊兼顾人民防空需要的通知（暂行）》（京民防发〔2017〕73号），北京市民防局，2017年7月18日施行

15. 《关于清理规范人防工程改造施工图设计文件专项审查中介服务事项的通知》（京民防发〔2017〕100号），北京市民防局，2017年10月31日施行

16. 《关于废止部分行政规范性文件的通知》（京民防发〔2017〕123号），北京市民防局，2017年12月22日施行

17. 关于进一步优化《北京市固定资产投资项目结合修建人民防空工程审批流程》的通知（京民防发〔2017〕120号），北京市民防局，2017年12月25日施行

18. 《关于进一步优化营商环境深化建设项目行政审批流程改革的意见》（市规划国土发〔2018〕69号），北京市规划和国土资源管理委员会，2018年3月7日施行

19. 关于印发《北京市人民防空工程和普通地下室规划用途变更管理规定》的通知（京民防发〔2018〕78号），北京市民防局，2018年8月21日施行

20. 关于印发《"人民防空工程监理乙级、丙级资质许可"告知承诺暂行办法》

的通知（京人防发〔2018〕3号），北京市人民防空办公室，2018年11月8日施行

21. 关于印发《"人民防空工程设计乙级资质许可"告知承诺暂行办法》的通知（京人防发〔2018〕2号），北京市人民防空办公室，2018年11月8日施行

22.《关于废止部分工程建设审批领域行政规范性文件的通知》（京人防发〔2018〕7号），北京市人民防空办公室，2018年11月16日施行

23. 印发《关于优化新建社会投资简易低风险工程建设项目审批服务的若干规定》的通知（京政办发〔2019〕10号），北京市人民政府办公厅，2019年4月28日施行

24. 关于印发《北京市人民防空办公室关于建立人民防空行业市场责任主体守信激励和失信惩戒制度的实施办法（试行）》的通知（京人防发〔2019〕72号），北京市人民防空办公室，2019年5月31日施行

25. 关于印发《北京市防空地下室面积计算规则》的通知（京人防发〔2019〕69号），北京市人民防空办公室，2019年6月3日施行

26. 关于印发《北京市人民防空办公室行政规范性文件制定和管理办法》的通知（京人防发〔2019〕71号），北京市人民防空办公室，2019年6月3日施行

27. 关于印发《北京市防空地下室易地建设管理办法》的通知（京人防发〔2019〕79号），北京市人民防空办公室，2019年8月1日施行

28. 关于印发《平时使用人民防空工程批准流程》《人防工程拆除批准流程》《人防工程改造批准流程》《人民防空警报设施拆除批准流程》的通知（京人防发〔2019〕111号），北京市人民防空办公室，2019年9月11日施行

29.《北京市人民防空办公室关于废止部分行政规范性文件的通知》（京人防发〔2019〕151号），北京市人民防空办公室，2019年12月23日施行

30.《关于修改20部规范性文件部分条款的通知》（京人防发〔2019〕152号），北京市人民防空办公室，2019年12月3日施行

31.《关于废止部分行政规范性文件的通知》（京人防发〔2020〕9号），北京市人民防空办公室，2020年2月18日施行

32. 关于印发《关于利用地下空间设置智能快件箱的指导意见》的通知（京人防发〔2020〕76号），北京市人民防空办公室，2020年8月7日施行

33. 关于印发《北京市人民防空办公室关于建立人民防空行业市场责任主体守信激励和失信惩戒制度的实施办法（试行）》的通知（京人防发〔2020〕86号），北京市人民防空办公室，2020年11月1日施行

34.《北京市人民防空办公室关于规范结合建设项目新修建的人防工程抗力等级的通知》（京人防发〔2020〕93号），北京市人民防空办公室，2020年11月30日施行

35. 北京市人民防空办公室关于印发《人民防空地下室设计方案规划布局指导性意见》的通知（京人防发〔2020〕105号），北京市人民防空办公室，2021年1月8日施行

36. 北京市人民防空办公室关于印发《结合建设项目配建人防工程面积指标计算规则（试行）》的通知（京人防发〔2020〕106号），北京市人民防空办公室，2021年1月15日施行

37. 北京市人民防空办公室关于印发《结合建设项目配建人防工程战时功能设置规则（试行）》的通知（京人防发〔2020〕107号），北京市人民防空办公室，2021年1月15日施行

38. 北京市人民防空办公室关于印发《北京市人民防空系统行政处罚裁量基准（2021年修订稿）》的通知（京人防发〔2021〕60号），北京市人民防空办公室，2021年6月11日施行

39. 北京市人民防空办公室关于印发《北京市人民防空系统行政违法行为分类目录（2021年修订稿）》的通知，北京市人民防空办公室，2021年6月11日施行

40. 北京市人民防空办公室关于印发《北京市人防行政处罚规程》的通知（京人防发〔2021〕63号），北京市人民防空办公室，2021年6月16日施行

41. 北京市人民防空办公室关于印发《北京市人防行政执法管理办法》的通知（京人防发〔2021〕62号）北京市人民防空办公室，2021年7月15日施行

42. 北京市人民防空办公室关于印发《北京市人防行政执法管理办法》的通知（京人防发〔2021〕62号），北京市人民防空办公室，2021年6月16日施行

43. 北京市人民防空办公室关于取消人民防空工程设计乙级及监理乙、丙级资质认定的通知（京人防发〔2021〕64号），北京市人民防空办公室，2021年7月2日施行

44. 北京市人民防空办公室 北京市住房和城乡建设委员会关于印发《新能源电动汽车充电设施在人防工程内安装使用指引》的通知（京人防发〔2021〕72号），北京市人民防空办公室，2021年8月5日施行

三、技术文件

1.《平战结合人民防空工程设计指南》，中国建筑标准设计研究院有限公司，张瑞龙、袁代光等，2014年5月

2.《北京市人民防空工程平时使用设计要点（试行）》，北京市建筑设计研究院有限公司，2019年3月25日施行

四、施工与验收

1. 关于印发《人防工程竣工验收备案管理办法》的通知，北京市民防局，2014年6月21日施行

2. 关于印发《北京市人民防空工程质量监督管理规定》的通知（京民防发〔2015〕90号），北京市民防局，2015年12月9日施行

3. 关于印发《北京市城市基础设施人民防空防护工程建设管理暂行办法》的通知（京人防发〔2018〕22号），北京市人民防空办公室，2018年11月29日施行

4. 关于印发《北京市人民防空工程竣工验收办法》的通知（京人防发〔2019〕4号），北京市人民防空办公室，2019年1月21日施行

5. 关于印发《北京市人民防空工程质量监督管理规定》的通知（京人防发〔2019〕119号），北京市人民防空办公室，2019年10月12日施行

五、产品

1.《关于采用新型人防工程防化及防护设备产品的通知》，北京市民防局，2011年6月9日施行

2.《人民防空工程防护设备安装技术规程 第1部分：人防门》DB11/T 1078.1—2014，北京市民防局、原总参工程兵第四设计研究院，2014年10月1日施行

3.《关于做好北京市人防专用设备生产安装管理工作的意见》（京民防发〔2015〕28号），2015年5月1日实施

4. 关于印发《北京市人防工程防护设备质量检测实施细则》的通知（京民防发〔2015〕57号），北京市民防局，2015年7月19日施行

5. 关于印发《北京市人防工程专用设备销售合同备案管理办法》的通知（京民防发〔2016〕94号），北京市民防局，2017年1月11日施行

6.《关于清理规范人民防空工程竣工验收前人防设备质量检测中介服务事项的通知》（京民防发〔2017〕78号），北京市民防局，2017年8月3日施行

7. 关于转发国家人民防空办公室、国家认证认可监督管理委员会《关于规范人防工程防护设备检测机构资质认定工作的通知》（国人防〔2017〕271号）的通知（京民防发〔2018〕6号），北京市民防局，2018年2月6日施行

六、造价定额

《关于进一步落实养老和医疗机构减免行政事业性收费有关问题的通知》（京民防发〔2016〕43号），北京市民防局，2016年6月15日印发

七、维护管理

1. 关于印发《实施〈北京市房屋租赁管理若干规定〉细则》的通知（京民防发〔2008〕44号），北京市民防局，2008年3月18日施行

2. 关于修改《北京市人民防空工程和普通地下室安全使用管理办法》的决定（北京市人民政府令第236号），北京市人民政府，2011年7月5日施行

3.《北京市人民防空工程和普通地下室安全使用管理办法》（北京市人民政府令第277号），北京市人民政府办公厅，2018年2月12日施行

4. 关于印发《北京市地下空间使用负面清单》的通知（京人防发〔2019〕136号），北京市人民防空办公室，2019年10月28日施行

5. 关于印发《北京市人民防空工程平时使用行政许可办法》的通知（京人防发〔2019〕105号），北京市人民防空办公室，2019年10月1日施行

6. 关于印发《用于居住停车的防空地下室管理办法》的通知（京人防发〔2019〕57号），北京市人民防空办公室，2019年4月30日施行

7.《关于新型冠状病毒感染的肺炎疫情防控期间人防工程使用管理相关工作的通知》（京人防发〔2020〕7号），北京市人民防空办公室，2020年2月6日施行

8. 关于印发《北京市人防空工程内有限空间安全管理规定》的通知（京人防发

〔2020〕48号），北京市人民防空办公室，2020年5月5日施行

9.关于印发《北京市人民防空工程维护管理办法（试行）》的通知（京人防发〔2020〕81号），北京市人民防空办公室，2020年8月31日施行

八、其他

《北京市房屋建筑工程施工图多审合一技术审查要点（试行）》2018年版

上海市人防工程资料目录

（周锋整理）

1.《上海市民防条例》（公报2018年第八号），上海市人民代表大会常务委员会，1999年8月1日实施，2018年12月20日修订

2.《上海市民防工程建设和使用管理办法》（上海市人民政府令第30号），2002年12月18日上海市人民政府令第129号发布，2018年12月7日修正并重新公布

3.《上海市民防工程平战转换若干技术规定》（沪民防〔2012〕32号），上海市民防办公室，2012年6月1日起实施

4.《上海市人民防空地下室施工图技术性专项审查指引（试行）》（沪民防〔2019〕7号），上海市民防办公室，2019年1月14日实施

5.《上海市民防工程维护管理技术规程》（沪民防〔2019〕82号），上海市民防办公室，2020年1月1日起施行

6.《上海市民防工程标识系统技术标准》DB 31MF/Z 002—2022，2022年6月30日起施行

7.《上海市工程建设项目民防审批和监督管理规定》（沪民防规〔2020〕3号），上海市民防办公室，2021年1月1日起实施，有效期至2025年12月31日

8.《上海市民防建设工程人防门安装质量和安全管理规定》（沪民防规〔2021〕1号），上海市民防办公室，2021年3月8日起实施，有效期至2026年3月7日

9.《上海市民防工程使用备案管理实施细则》（沪民防规〔2021〕5号），上海市民防办公室，2021年12月1日起实施，有效期至2026年11月30日

10.《上海市城市地下综合管廊兼顾人民防空需要技术要求》DB 31MF/Z 002—2021，2021年12月1日起施行

江苏省人防工程资料目录

（朱波、宋华成整理）

1.省民防局关于《加强人防工程防护设备产品买卖合同管理》的通知（苏防〔2011〕8号），江苏省民防局，2011年2月24日起施行

2.省民防局关于《采用新型防护设备产品》的通知（苏防〔2012〕32号），江苏

省民防局，2012 年 8 月 1 日施行

3.《江苏省物业管理条例》，江苏省人民代表大会常务委员会，2013 年 5 月 1 日起施行

4. 省民防局关于印发《江苏省民防工程防护设备设施质量检测管理实施细则（试行）》的通知（苏防规〔2013〕2 号），江苏省民防局，2013 年 7 月 11 日起施行

5. 省民防局关于印发《江苏省民防工程防护设备监督管理规定》的通知（苏防规〔2013〕1 号），江苏省民防局，2013 年 9 月 1 日起施行

6. 省民防局关于《统一全省人防工程防护设备标识设置》的通知（苏防〔2015〕28 号），江苏省民防局，2015 年 6 月 3 日起施行

7. 省民防局关于印发《江苏省人民防空工程项目审查办法》的通知（苏防〔2015〕52 号），江苏省民防局，2015 年 9 月 6 日起施行

8.《省政府办公厅关于推动人防工程建设与城市地下空间开发融合发展的意见》（苏政办发〔2016〕72 号），江苏省人民政府办公厅

9.《江苏省政府办公厅关于加强人防工程维护管理工作的意见》（苏政办发〔2016〕111 号），江苏省人民政府办公厅，2016 年 10 月 18 日起施行

10.《关于进一步明确人防工程建设质量监督有关问题的通知》（苏防〔2016〕79 号），江苏省民防局，2016 年 12 月 5 日起施行

11. 省民防局关于印发《江苏省防空地下室建设实施细则（试行）》的通知，（苏防规〔2016〕1 号），江苏省民防局，2017 年 1 月 1 日起施行

12.《省民防局关于全面开展人防工程防护设备质量检测工作的通知》（苏防〔2018〕13 号），江苏省民防局，2018 年 2 月 26 日起施行

13.《江苏省城乡规划条例》，江苏省人民代表大会常务委员会，2018 年 3 月 28 日起施行

14.《人民防空食品药品储备供应站设计规范》DB32/T 3399—2018，江苏省质量技术监督局，2018 年 5 月 10 日发布，2018 年 6 月 10 日起实施

15.《江苏省人民防空工程维护管理实施细则》，江苏省人民政府，2018 年 10 月 24 日起施行

16. 关于印发《江苏省人民防空工程标识技术规定》的通知（苏防〔2018〕71 号），江苏省人民防空办公室

17.《江苏省人防工程竣工验收备案管理办法》（苏防〔2018〕81 号），江苏省人民防空办公室，2018 年 12 月 29 日起施行

18. 省人防办关于印发《江苏省人民防空工程建设平战转换技术管理规定》的通知（苏防〔2018〕70 号），江苏省人民防空办公室，2019 年 1 月 1 日起施行

19. 省人防办关于印发《江苏省人防工程建设领域信用管理暂行办法（试行）》的通知（苏防〔2019〕82 号），江苏省人民防空办公室，2019 年 10 月 20 日起施行

20.《江苏省人民防空工程质量监督管理办法》（苏防规〔2019〕1 号），江苏省人民防空办公室，2019 年 10 月 20 日起施行

21.《江苏省防空地下室易地建设审批管理办法》(苏防〔2019〕106号),江苏省人民防空办公室,2019年11月20发布,2020年1月1日起执行

22.《江苏省人民防空工程建设使用规定》,江苏省人民政府,2020年1月1日起施行

23.省人防办关于印发《江苏省人民防空工程面积测绘指南(试行)》的通知(苏防〔2020〕58号)江苏省人民防空办公室,2020年11月12日起施行

24.省人防办关于印发《江苏省人民防空工程监理管理办法》的通知(苏防规〔2021〕1号),江苏省人民防空办公室,2021年5月15日起施行

25.江苏省实施《中华人民共和国人民防空法》办法,江苏省人民代表大会常务委员会,2021年11月2日起施行

安徽省人防工程资料目录

(王为忠整理)

1.《安徽省人民政府关于依法加强人民防空工作的意见》(皖政〔2017〕2号),人防办,2017年8月30日起施行

2.安徽省实施《中华人民共和国人民防空法》办法,1998年8月15日安徽省第九届人民代表大会常务委员会第五次会议通过,1999年10月15日第一次修正,2006年10月21日第二次修正,2020年9月29日修订

3.《安徽省实施〈中华人民共和国人民防空法〉办法》释义

4.安徽省人防办、省发展改革委、省国土资源厅、省住房和城乡建设厅、省工商监督管理局、省政府金融办、中国人民银行合肥中心支行《关于建立房地产企业使用人防工程信用承诺制度的通知》(皖人防〔2018〕122号),太湖县住房和城乡建设局,2020年11月16日发布

5.《安徽省住房和城乡建设厅、安徽省人民防空办公室关于加强城市地下空间暨人防工程综合利用规划管理》(建规〔2015〕289号),安徽省住房和城乡建设厅、安徽省人民防空办公室,2015年12月10日发布

6.《安徽省民用建筑防空地下室建设审批改革实施意见》(皖人防〔2020〕2号),安徽省人民防空办公室综合处,2020年5月8日发布

7.《安徽省人民防空办公室 安徽省财政厅关于加强人防工程易地建设工作的通知》(皖人防〔2019〕94号),安徽省人民防空办公室、安徽省财政厅,2019年12月16日发布

8.《安徽省人民防空办公室关于明确防空地下室易地建设面积指标的通知》(皖人防〔2020〕16号),安徽省人民防空办公室,2020年3月12日发布

9.《关于进一步优化施工许可和竣工验收阶段有关事项办理流程的通知》(建市〔2020〕26号),安徽省住房城乡建设厅、安徽省人防办,2020年4月15日发布

10.《关于进一步规范防空地下室易地建设费减免有关事项的通知》(皖人防

〔2020〕60号），安徽省人民防空办公室工程处，2020年7月13日发布

11.安徽省人民防空办公室关于印发《安徽省防空地下室易地建设审批管理办法》的通知（皖人防〔2020〕62号），安徽省人民防空办公室工程处，2020年7月13日发布

12.安徽省人民防空办公室关于印发《安徽省人民防空工程质量监督管理办法》的通知（皖人防〔2020〕63号），安徽省人民防空办公室，2020年12月3日发布

13.《安徽省人防工程质量监督实施细则》（皖人防〔2020〕40号），安徽省人民防空办公室，2020年5月11日发布

14.《关于进一步加强城市住宅小区防空地下室维护管理的通知》（皖人防〔2018〕160号），安徽省人防办、省住房和城乡建设厅，2018年11月12日发布

15.《安徽省人民防空办公室关于人防工程平战功能转换要求的通知》（皖人防〔2016〕131号），安徽省人民防空办公室，2017年1月1日发布

16.《安徽省人民防空办公室关于印发〈安徽省人民防空工程标识技术规定〉的通知》（皖人防〔2020〕66号），安徽省人民防空办公室，2016年9月23日发布

17.《安徽省人民防空办公室关于进一步明确人防工程专用设备和生产安装企业资质要求的通知》（皖人防〔2019〕5号），安徽省人民防空办公室，2019年1月14日发布

18.《安徽省人民防空办公室关于省外人防从业企业入皖备案实行告知承诺制管理有关事项的通知》（皖人防综〔2019〕22号），安徽省人民防空办公室，2018年11月12日发布

19.《安徽省人民防空办公室关于印发〈安徽省人防工程防护质量检测管理办法〉的通知》（皖人防〔2020〕72号），安徽省人民防空办公室，2020年9月4日发布

20.《安徽省人民防空办公室关于规范人防工程防护设备检测合格证发放的通知》（皖人防综〔2018〕87号），安徽省人民防空办公室，2018年11月12日发布

21.《安徽省人民防空办公室 安徽省财政厅关于加强人防工程易地建设工作的通知》（皖人防〔2019〕38号），滁州市人民防空办公室，2019年5月22日发布

22.《安徽省人民防空办公室关于优化人防工程防护防化设备市场营造公平竞争市场环境的指导意见》（皖人防〔2020〕73号），安徽省人民防空办公室，2020年9月14日发布

23.安徽省人民防空办公室关于颁布实施《安徽省人防工程费用定额》的通知（皖人防〔2020〕74号），安徽省人民防空办公室，2020年9月4日发布

24.安徽省人民防空办公室关于印发《审批建设防空地下室有关问题的指导意见（试行）》的通知（皖人防〔2021〕32号），安徽省人民防空办公室综合处，2021年8月27日发布

25.关于印发《安徽省人防工程建设企业从业信用状况分类管理办法（试行）》的通知（皖人防〔2022〕13号），安徽省人民防空办公室法规宣传处，2022年6月24日发布

26.安徽省人民防空办公室关于印发《安徽省人防工程建设企业从业信用状况分类评分规则》的通知（皖人防〔2022〕14号），安徽省安庆市人防办，2022年6月28日发布

河北省人防工程资料目录
（孙树鹏整理）

1.关于印发《人防工程防护设备安装技术要求》的通知（冀人防工字〔2016〕35号），河北省人民防空办公室，2016年12月21日印发

2.《人民防空工程建筑面积计算规范》DB13（J）/T 222—2017，河北省住房和城乡建设厅、河北省人民防空办公室，2017年05月1日实施

3.《人民防空工程防护质量检测技术规程》DB13（J）/T 223—2017，河北省住房和城乡建设厅、河北省人民防空办公室，2017年5月1日实施

4.《人民防空工程兼作地震应急避难场所技术标准》DB13（J）/T 111—2017，河北省住房和城乡建设厅、河北省人民防空办公室，2018年3月1日实施

5.《城市地下空间暨人民防空工程综合利用规划编制导则》DB13（J）/T 278—2018，河北省住房和城乡建设厅、河北省人民防空办公室，2019年2月1日实施

6.《城市地下空间兼顾人民防空要求设计标准》DB13（J）/T 279—2018，河北省住房和城乡建设厅、河北省人民防空办公室，2019年2月1日实施

7.《城市综合管廊工程人民防空设计导则》DB13（J）/T 280—2018，河北省住房和城乡建设厅、河北省人民防空办公室，2019年2月1日实施

8.《人民防空工程平战功能转换设计标准》DB13（J）/T 8393—2020，河北省住房和城乡建设厅、河北省人民防空办公室，2021年4月1日实施

9.《综合管廊孔口人防防护设备选用图集》DBJT 02—187—2020，河北省住房和城乡建设厅、河北省人民防空办公室，2021年4月1日实施

山西省人防工程资料目录
（靳翔宇整理）

1.《山西省实施〈中华人民共和国人民防空法〉办法》，1998年11月30日山西省第九届人民代表大会常务委员会第六次会议通过，1999年1月1日起施行

2.《山西省人民防空工程维护管理办法》（山西省人民政府令第198号），自2007年3月1日起施行

3.山西省人民政府办公厅转发省财政厅等部门《山西省防空地下室易地建设费收缴使用和管理办法》的通知（晋政办发〔2008〕61号），2008年7月1日施行

4.《山西省人民防空办公室关于深化行政审批制度改革加强事中事后监管的意见》（晋人防办字〔2016〕23号），山西省人民防空办公室

5.《中共山西省委山西省人民政府关于开发区改革创新发展的若干意见》(晋政办发〔2016〕50号),山西省人民政府办公厅,2016年4月26日发布

6.《关于加强防空地下室建设服务监管的通知》,山西省人民防空办公室,2017年6月10日发布

7.《关于印发企业投资项目承诺制改革试点防空地下室建设流程、事项准入清单及配套制度的通知》(晋人防办字〔2018〕19号),山西省人民防空办公室

8.《关于进一步加强和规范建设项目人民防空审查管理的通知》(晋人防办字〔2018〕71号),山西省人民防空办公室

9.《山西省人民防空工程建设条例》,2018年9月30日山西省第十三届人民代表大会常务委员会第五次会议通过

10.《山西省人民政府办公厅关于转发省人防办等部门山西省防空地下室易地建设费收缴使用和管理办法的通知》(晋政办发〔2021〕82号),山西省人民政府办公厅,自2021年10月7日起施行

河南省人防工程资料目录

(杨向华整理)

一、政策法规

1.《关于规范人防工程建设有关问题的通知》(豫防办〔2009〕100号),河南省人民防空办公室、河南省发展改革委员会、河南省监察厅、河南省财政厅、河南省住房和城乡建设厅,2009年7月1日实施

2.《关于印发河南省防空地下室面积计算规则的通知》(豫人防〔2017〕142号),河南省人民防空办公室,2018年1月9日发布实施

3.《关于调整城市新建民用建筑配建人防工程面积标准(试行)的通知》(豫人防〔2019〕80号),河南省人民防空办公室,2020年1月1日实施

4.《河南省住房和城乡建设厅河南省人民防空办公室关于印发〈河南省城市地下空间暨人防工程综合利用规划编制导则〉〈河南省城市地下综合管廊工程人民防空设计导则〉》(豫建城建〔2020〕384号),河南省住房和城乡建设厅、河南省人民防空办公室,2020年2月26日发布实施

5.《河南省住房和城乡建设厅河南省人民防空办公室关于印发〈河南省城市地下空间暨人防工程综合利用规划编制导则〉〈河南省城市地下综合管廊工程人民防空设计导则〉》(豫建城建〔2020〕384号),河南省住房和城乡建设厅、河南省人民防空办公室,2020年2月26日发布实施

6.《河南省人民防空工程审批管理办法》(豫人防〔2021〕27号),河南省人民防空办公室,2021年3月26日发布

7.《河南省人民防空工程平战转换技术规定》(豫人防〔2021〕70号),河南省人民防空办公室,2021年11月1日实施

二、施工与验收

1.《关于印发河南省人民防空工程质量监督实施细则的通知》(豫人防〔2017〕143号),河南省人民防空办公室,2018年1月9日发布实施

2.《河南省人民防空工程竣工验收备案管理办法》(豫人防〔2019〕75号),河南省人民防空办公室,2019年12月1日实施

3.《河南省人民防空工程监理工作规程(试行)》(豫人防〔2019〕83号),河南省人民防空办公室,2020年1月17日发布

4.《全省人防工程质量监督"随报随检随批,一次办妥"规定》(豫人防工〔2020〕5号),河南省人民防空办公室,2020年2月26日发布

三、产品

1.《关于人防工程防护设备生产标准有关问题的通知》(豫防办〔2009〕201号),河南省人民防空办公室,2009年12月8日发布

2.《关于规范全省人防工程防护设备检测机构资质认定工作的通知》(豫人防〔2018〕49号),河南省人民防空办公室、河南省质量技术监督局,2018年5月16日发布执行《RFP型过滤吸收器制造和验收规范(暂行)》有关事项的通知(豫人防〔2021〕9号),河南省人民防空办公室,2021年8月30日发布

四、造价定额

《河南省人民防空办公室关于建筑业实施"营改增"后河南省人防工程计价依据调整的通知》(豫人防〔2016〕127号),河南省人民防空办公室,2016年10月29日发布

五、维护管理

《河南省人民防空工程标识管理办法》的通知(豫人防〔2017〕38号),河南省人民防空办公室,2017年5月25日发布

六、其他

1.《关于明确依法征收人防易地建设费有关问题的通知》(豫防办〔2010〕93号),河南省人民防空办公室,2010年6月25日发布

2.《关于公布人防规范性文件清理结果的通知》(豫人防〔2017〕145号),河南省人民防空办公室,2017年12月27日发布

3.《关于印发河南省人民防空工程审批管理暂行办法的通知》(豫人防〔2017〕139号),河南省人民防空办公室,2018年1月8日发布实施

4.《关于印发河南省人民防空工程建设质量管理暂行办法的通知》(豫人防〔2017〕140号),河南省人民防空办公室,2018年1月9日发布实施

5.《河南省人民防空办公室关于印发河南省人防工程审批制度改革实施意见的通知》(豫人防〔2019〕54号),河南省人民防空办公室,2019年9月4日发布

6.《河南省人民防空办公室行政许可事项工作程序规范》(豫人防〔2019〕86号),河南省人民防空办公室,2020年1月8日发布

7.《河南省人民防空工程施工图设计文件审查要点(试行)》(豫人防

〔2021〕15 号），河南省人民防空办公室、河南省住房和城乡建设厅，2021 年 3 月 1 日实施

内蒙古自治区人防工程资料目录
（任青春整理）

1.《内蒙古自治区人民防空工程建设造价管理办法》，内蒙古自治区人民防空办公室，2007 年 10 月 13 日发布

2.《内蒙古自治区人民防空工程建设管理规定》，内蒙古自治区人民政府，2013 年 1 月 17 日发布

3.《内蒙古自治区人民防空办公室关于印发人防工程建设管理相关配套文件的通知》——《内蒙古自治区人民防空工程建设质量监督管理办法》（内人防发〔2013〕16 号），内蒙古自治区人民防空办公室，2013 年 5 月 17 日发布

4.《内蒙古自治区人民防空办公室关于印发人防工程建设管理相关配套文件的通知》——《内蒙古自治区防空地下室建设程序管理办法》（内人防发〔2013〕16 号），内蒙古自治区人民防空办公室，2013 年 5 月 17 日发布

5.《内蒙古自治区人民防空办公室关于印发人防工程建设管理相关配套文件的通知》——《内蒙古自治区人民防空工程施工图设计文件审查管理办法》（内人防发〔2013〕16 号），内蒙古自治区人民防空办公室，2013 年 5 月 17 日发布

6.《关于规范人防工程防护设备检测》（内人发字〔2018〕11 号），内蒙古自治区人民防空办公室，2018 年 11 月 1 日发布

广西壮族自治区人防工程资料目录
（钟发清整理）

1.《广西壮族自治区防空地下室易地建设费收费管理规定》（桂价费字〔2003〕462 号），广西壮族自治区人民防空办公室等，2004 年 4 月 1 日实施

2. 关于颁布实施《拆除人民防空工程审批行政许可办法》《新建民用建设项目审批批准行政许可办法》的通知（桂人防办字〔2006〕23 号），2006 年 3 月 3 日实施

3. 关于《进一步加快全区人民防空工程平战转换应急准备工作》的通知，广西壮族自治区人民防空办公室等，2007 年 12 月 29 日实施

4.《广西壮族自治区人民防空工程建设与维护管理办法》（广西壮族自治区人民政府令第 86 号），2013 年 4 月 1 日实施

5. 2013 年《人民防空工程预算定额》定额人工费、定额材料费、定额机械费调整系数，广西壮族自治区人民防空办公室，2018 年 7 月 23 日实施

6. 南宁市《应建防空地下室的新建民用建筑项目审批》（一次性告知），南宁市行政审批局、南宁市财政局，2018 年 8 月 1 日实施

7.《广西壮族自治区结合民用建筑修建防空地下室面积计算规则（试行）》（桂防通〔2019〕38号），广西壮族自治区人民防空和边海防办公室等，2019年4月30日实施

8.《关于规范防空地下室建设 优化营商环境 助推产业发展的实施意见》（桂防规〔2020〕1号），广西壮族自治区人民防空和边海防办公室，2020年1月15日实施

9.《广西壮族自治区结合民用建筑修建防空地下室审批管理办法（试行）》（桂防规〔2020〕2号），广西壮族自治区人民防空和边海防办公室，2020年4月3日施行

10. 广西壮族自治区人民防空和边海防办公室关于印发《广西壮族自治区人防工程建设程序管理办法（试行）》的通知（桂防通〔2020〕35号），广西壮族自治区人民防空和边海防办公室，2020年4月8日实施

11. 关于印发《广西壮族自治区人民防空工程设计资质管理实施细则（试行）》的通知（桂防规〔2020〕4号），广西壮族自治区人民防空和边海防办公室，2020年4月30日实施

12. 关于印发《广西壮族自治区人民防空工程质量监督管理实施细则（试行）》的通知（桂防规〔2020〕6号），广西壮族自治区人民防空和边海防办公室，2020年4月23日施行

13.《广西壮族自治区人防工程防护（防化）设备质量管理实施细则（试行）》的通知（桂防规〔2020〕7号），广西壮族自治区人民防空和边海防办公室，2020年4月23日实施

重庆市人防工程资料目录
（张旭整理）

1.《重庆市人民防空条例》，1998年12月26日重庆市第一届人民代表大会常务委员会第十三次会议通过，2005年7月29日重庆市第二届人民代表大会常务委员会第十八次会议第一次修正，2010年7月23日重庆市第三届人民代表大会常务委员会第十八次会议第二次修正

2.《关于新建人防工程增配部分通风设备设施减少平战转换量的通知》（渝防办发〔2018〕162号），重庆市人民防空办公室，2018年10月18日发布实施

3.《重庆市城市综合管廊人民防空设计导则》，重庆市人民防空办公室、重庆市住房和城乡建设委员会，2019年4月1日发布实施

4.《关于结合民用建筑修建防空地下室简化面积计算及局部调整分类区域范围的通知》（渝防办发〔2019〕126号），重庆市人民防空办公室，2020年1月1日发布实施

辽宁省人防工程资料目录

（刘健新整理）

1.《大连市人民防空管理规定》，2010年12月1日市政府令第112号修改，大连市人民政府，2002年10月1日实施

2.《沈阳市民防管理规定（2003年）》（沈阳市人民政府令第28号），沈阳市人民政府，2004年2月1日实施

3.《辽宁省人民防空工程建设监理实施细则》（辽人防发〔2009〕3号），辽宁省人民防空办公室，2009年4月1日实施

4.《辽宁省人民防空工程防护、防化设备管理实施细则》（辽人防发〔2010〕11号），辽宁省人民防空办公室，2010年3月30日实施

5.《人民防空工程标识》DB21/T 3199—2019，辽宁省市场监督管理局，2020年1月20日实施

6.《沈阳市人防工程国有资产管理规定》（沈人防发〔2020〕10号），沈阳市人民防空办公室，2020年7月2日实施

7.《关于人防工程设计企业从业资质有关事项的通知》（辽人防发〔2021〕1号），辽宁省人民防空办公室，2021年10月29日实施

浙江省人防工程资料目录

（张芝霞整理）

一、设计

（一）标准规范

1.《控制性详细规划人民防空设施配置标准》DB33/T 1079—2018

2.《建筑工程建筑面积计算和竣工综合测量技术规程》DB33/T 1152—2018

3.《早期坑道地道式人防工程结构安全性评估规程》DB33/T 1172—2019

4.《人民防空疏散基地标志设置技术规程》DB33/T 1173—2019

5.《人民防空固定式警报设施建设管理规范》DB33/T 2207—2019

6.《人民防空专业队工程设计规范》DB33/T 1227—2020

7.《人防门安装技术规程》DB33/T 1231—2020

8.《人民防空工程维护管理规范》DB3301/T 0344—2021

（二）政策法规

1.浙江省人民防空办公室（民防局）关于学习贯彻《浙江省人民政府关于加快城市地下空间开发利用的若干意见》的通知（浙人防办〔2011〕35号）

2.《浙江省人民防空办公室关于统一全省人防工程标识设置的通知》（浙人防办〔2012〕73号），浙江省人民防空办公室，2012年6月8日颁布

3.《浙江省人民防空办公室等关于加强地下空间开发利用工程兼顾人防需要建

设管理的通知》（浙人防办〔2012〕81号），浙江省人民防空办公室，2013年4月19日颁布

4.浙江省人民防空办公室关于印发《浙江省人民防空工程防护功能平战转换管理规定（试行）》的通知（浙人防办〔2022〕6号），浙江省人民防空办公室，2022年5月1日起试行

5.《浙江省防空地下室管理办法》（浙江省人民政府令第344号），浙江省人民政府第63次常务会议审议，2016年6月1日起施行

6.《关于防空地下室结建标准适用的通知》（浙人防办〔2018〕46号），浙江省人民防空办公室，2018年11月29日颁布

7.《关于要求明确重点镇人防结建政策适用标准的请示》（浙人防办〔2019〕6号），浙江省人民防空办公室，2019年1月31日颁布

8.关于印发《结合民用建筑修建防空地下室审批工作指导意见》的通知（浙人防办〔2019〕23号），浙江省人民防空办公室，2019年12月30日颁布

9.浙江省人民防空办公室关于印发《浙江省结合民用建筑修建防空地下室审批管理规定（试行）》的通知（浙人防办〔2020〕31号），浙江省人民防空办公室，2020年12月21日颁布

10.《浙江省实施〈中华人民共和国人民防空法〉办法》（第四次修订），浙江省第十三届人民代表大会常务委员会第二十五次会议通过，2020年11月27日起执行

（三）技术文件

1.《单建掘开式地下空间开发利用工程兼顾人防需要设计导则（试行）》，浙江省住房和城乡建设厅，浙江省人民防空办公室，2011年11月

2.《浙江省城市地下综合管廊工程兼顾人防需要设计导则》，浙江省住房和城乡建设厅，浙江省人民防空办公室，2017年9月

3.《浙江省人民防空专项规划编制导则（试行）》（浙人防办〔2020〕11号），浙江省人民防空办公室，2020年4月30日实施

4.《规划管理单元控制性详细规划（人防专篇）》示范文本，浙江省人民防空办公室，2020年6月23日实施

5.《浙江省人防疏散基地（地域）建设标准（征求意见稿）》，浙江省人民防空办公室，2020年7月8日发布

6.《浙江省人防疏散基地（地域）管理规定（征求意见稿）》，浙江省人民防空办公室，2020年7月8日发布

7.《浙江省防空地下室维护管理操作规程（试行）》，浙江省人民防空办公室，2020年7月20日发布

8.《防空地下室维护管理操作手册》，浙江省人民防空办公室，2020年7月20日发布

二、施工与验收

1.关于印发《浙江省人民防空工程竣工验收备案管理办法》的通知（浙人防办

〔2009〕61号），浙江省人民防空办公室，2009年8月7日发布

2.关于印发《浙江省人民防空工程质量监督管理办法》的通知（浙人防办〔2017〕4号），浙江省人民防空办公室，2017年1月20日发布

三、产品

1.《关于人防工程防护设备产品实施公开招标的通知》（浙人防办〔2012〕51号），浙江省人民防空办公室，2012年3月21日发布

2.关于印发《浙江省人民防空工程防护设备质量检测管理实施办法》的通知（浙人防办〔2013〕39号），浙江省人民防空办公室，2013年8月15日发布

3.关于印发《浙江省人防工程和其他人防防护设施监理管理办法》的通知（浙人防办〔2014〕4号），浙江省人民防空办公室，2014年1月20日发布

4.关于印发《浙江省人民防空工程防护设备质量检测管理细则（试行）》的通知（浙人防办〔2015〕9号），浙江省人民防空办公室，2015年2月11日发布

5.关于征求《浙江省人防行业信用监督管理办法（试行）》意见与建议的公告，浙江省人民防空办公室，2020年8月10日发布

四、造价定额

关于印发《浙江省人防建设项目竣工决算审计管理办法》的通知，浙江省人民防空办公室，2017年4月26日发布

五、维护管理

1.关于下发《浙江省人防工程使用和维护管理责任书（试行）》示范文本的通知，浙江省人民防空办公室，2016年9月29日发布

2.《浙江省人民防空办公室关于人民防空工程平时使用和维护管理登记有关事项的批复》（浙人防函〔2016〕65号），浙江省人民防空办公室，2016年12月30日颁布

六、其他

1.关于印发《疏散（避难）基地建设试行意见》的通知（浙民防〔2005〕7号），浙江省人民防空办公室，2005年9月30日颁布

2.关于印发《浙江省人民防空工程防护功能平战转换技术措施》的通知（浙人防办〔2005〕162号），浙江省人民防空办公室，2005年12月14日颁布

3.《浙江省民防局关于人口疏散场所建设的意见（试行）》（浙民防〔2008〕12号），浙江省人民防空办公室，2008年10月20日颁布

4.关于印发《浙江省民防应急疏散场所标志》的通知（浙民防〔2008〕16号），浙江省人民防空办公室，2008年12月4日发布

5.关于印发《浙江省城镇人民防空专项规划编制管理办法》的通知（浙人防办〔2009〕50号），浙江省人民防空办公室，2009年6月17日发布

6.《浙江省民防局浙江省民政厅关于进一步推进应急避灾疏散场所建设的意见》（浙民防〔2010〕4号），浙江省人民防空办公室，2010年5月21日发布

7.《浙江省人民防空办公室关于大力推进人防建设与城市地下空间开发利用融合

发展的意见》（浙人防办〔2012〕85号），浙江省人民防空办公室，2012年8月3日起实施

8.《关于地下空间开发利用兼顾人防需要与结建人防相关事宜的批复》，浙江省人民防空办公室，2014年5月4日发布

9.《浙江省物价局、浙江省财政厅、浙江省人民防空办公室防空办公室关于规范和调整人防工程易地建设费的通知》（浙价费〔2016〕211号），浙江省物价局、浙江省财政厅、浙江省人民防空办公室，2017年1月1日起实施

10.《关于进一步推进人民防空规划融入城市规划的实施意见》（浙人防办〔2017〕42号），浙江省人民防空办公室，2017年9月29日起实施

11.《关于防空地下室结建标准适用的通知》（浙人防办〔2018〕46号），浙江省人民防空办公室，2019年1月1日起实施

12.《浙江省人民防空办公室关于公布行政规范性文件清理结果的通知》（浙人防办〔2020〕15号），浙江省人民防空办公室，2020年6月4日发布

山东省人防工程资料目录

（张春光整理）

一、设计

（一）标准规范

《人民防空工程平战转换技术规范》DB37/T 3470—2018，山东省人民防空办公室、山东省市场监督管理局，2019年1月29日起实施

（二）政策法规

1.《山东省人民防空工程建设领域企业信用"红黑名单"管理办法》（鲁防发〔2018〕8号），山东省人民防空办公室，2018年11月1日起施行

2.《〈人防工程和其他人防防护设施设计乙级资质行政许可〉告知承诺办法》（鲁防发〔2018〕12号）山东省人民防空办公室，2019年1月1日起施行

3.《关于规范新建人防工程冠名的通知》（鲁防发〔2019〕5号），山东省人民防空办公室，2019年2月1日起实施

4.《关于规范人民防空工程设计参数和技术要求的通知》（鲁防发〔2019〕7号），山东省人民防空办公室，2019年6月16日起实施

5.《山东省人民防空工程管理办法》（省政府令第332号），山东省政府，2020年3月1日起施行

（三）技术文件

《山东省防空地下室工程面积计算规则》（鲁防发〔2020〕5号），山东省人民防空办公室，2021年1月3日起实施

二、施工与验收

1.《关于加强人防工程防化设备生产安装管理的通知》（鲁防发〔2017〕3号），

山东省人民防空办公室，2017年7月1日起实施

2.《山东省人民防空工程和其他人防防护设施建设监理实施细则》（鲁防发〔2017〕13号），山东省人民防空办公室，2017年12月1日起施行

3.《山东省人民防空工程质量监督档案管理办法》（鲁防发〔2017〕15号），山东省人民防空办公室，2017年12月1日起施行

4.《关于规范防空地下室制式标牌的通知》（鲁防发〔2017〕10号），山东省人民防空办公室，2018年1月1日起实施

5.《山东省人民防空工程质量监督管理办法》（鲁防发〔2018〕9号），山东省人民防空办公室，2018年12月16日起施行

6.《〈人防工程和其他人防防护设施监理乙级资质行政许可〉告知承诺办法》（鲁防发〔2018〕11号），山东省人民防空办公室，2019年1月1日起施行

7.《〈人防工程和其他人防防护设施监理丙级资质行政许可〉告知承诺办法》（鲁防发〔2018〕13号），山东省人民防空办公室，2019年1月1日起施行

8.《山东省单建人防工程施工安全监督管理办法》（鲁防发〔2020〕2号），山东省人民防空办公室，自2015年11月15日起施行

9.《山东省人民防空工程竣工验收备案管理办法》（鲁防发〔2020〕7号），山东省人民防空办公室，2021年2月1日起实施

10.关于规范《人防工程开工报告》有关问题的通知（鲁防发〔2020〕8号），山东省人民防空办公室，2021年2月1日起实施

三、造价定额

1.《山东省人防工程费用项目组成及计算规则（2020）》（鲁防发〔2020〕3号），山东省人民防空办公室，2020年12月1日起施行

2.《山东省人民防空工程建设造价管理办法》（鲁防发〔2020〕4号），山东省人民防空办公室，2020年12月1日起施行

四、维护管理

1.《山东省人民防空工程维护管理办法》（鲁防发〔2017〕5号），山东省人民防空办公室，2017年9月1日起施行

2.《山东省人民防空工程质量监督档案管理办法》（鲁防发〔2017〕15号），山东省人民防空办公室，2017年12月1日起施行

3.《关于实行制式人防工程平时使用证管理有关问题的通知》（鲁防发〔2017〕16号），山东省人民防空办公室，2017年12月1日起施行

4.《山东省人民防空工程建设档案管理规定》（鲁防发〔2020〕6号），山东省人民防空办公室，2019年2月1日起施行

5.《山东省人民防空办公室关于加强重要经济目标防护管理的意见》（鲁防发〔2021〕1号），山东省人民防空办公室，2021年2月1日起施行

6.《山东省单建人民防空工程安全生产事故隐患排查治理办法》（鲁防发〔2019〕2号），山东省人民防空办公室，2021年2月1日起施行

五、其他

1.《关于规范单建人防工程审批事项的通知》(鲁防发〔2017〕11号),山东省人民防空办公室,2017年12月1日起实施

2.《关于规范人民防空行政许可事项报送的通知》(鲁防发〔2017〕14号),山东省人民防空办公室,2017年12月1日起实施

3.《关于调整人民防空建设项目审批权限的通知》(鲁防发〔2018〕3号),山东省人民防空办公室,2018年5月1日起实施

4.《关于规范人民防空其他权力事项报送的通知》(鲁防发〔2018〕4号),山东省人民防空办公室,2018年5月1日起实施

5.《山东省人民防空行政处罚裁量基准》(鲁防发〔2018〕10号),山东省人民防空办公室,2019年1月1日起实施

6.《关于规范防空地下室易地建设审批条件的意见》(鲁防发〔2019〕4号),山东省人民防空办公室,2019年2月1日起实施

7.《关于人防工程设计、监理企业发生重组、合并、分立等情况资质核定有关问题的通知》(鲁防发〔2019〕8号),山东省人民防空办公室,2019年10月11日起实施

贵州省人防工程资料目录

(包万明整理)

1.《省人民政府办公厅关于印发贵州省人民防空工程建设管理办法的通知》(黔府办发〔2020〕38号),贵州省人民政府办公厅,2020年12月30日起施行

2.《贵州省人民防空工程建设审批手册》,贵州省人民防空办公室,2019年10月

3.《关于贵州省防空地下室建设标准和易地建设费征收管理的通知》(黔人防通〔2015〕19号),贵州省人民防空办公室等单位,2015年5月29日起施行

4.《省人民防空办公室关于开展人防工程建设防化设备安装工作的通知》(黔人防通〔2018〕44号),贵州省人民防空办公室,2018年12月13日起施行

5.《省人民防空办公室关于转发工程建设项目审批制度改革有关配套文件的通知》(黔人防通〔2019〕37号),贵州省人民防空办公室,2019年9月30日起施行

6.《贵州省人民防空办公室关于更新〈贵州省常用人防设备产品信息价〉的通知》(黔人防通〔2020〕65号),贵州省人民防空办公室,2021年1月1日起施行

7.《省人民防空办公室关于对防空地下室建筑面积有关事宜的通知》(黔人防通〔2020〕18号),贵州省人民防空办公室,2020年3月26日起施行

8.《贵州省人民防空办公室关于规范防空地下室易地建设审批的通知》(黔人防通〔2020〕21号),贵州省人民防空办公室,2020年4月20日起施行

9.《贵州省人民防空办公室关于加强全省人民防空工程标识标牌设置工作的通知》(黔人防通〔2021〕4号),贵州省人民防空办公室,2021年3月1日起施行

四川省人防工程资料目录
（赵建辉整理）

1.《关于规范勘察设计项目成果报送电子文档命名及格式要求的通知》（川建勘设科发〔2017〕91号），四川省住房和城乡建设厅，2017年2月10日起实施

2.《关于调整我省防空地下室易地建设费标准的通知》（川发改价格〔2019〕358号），川省发展和改革委员会、四川省财政厅、四川省人民防空办公室，2019年9月1日起实施

3.《四川省人民防空办公室关于明确物流项目修建防空地下室范围的通知》（川人防办〔2020〕75号），四川省人民防空办公室，2020年11月16日起实施

云南省人防工程资料目录
（王永权整理）

1.云南省实施《中华人民共和国人民防空法》办法，1998年9月25日云南省第九届人民代表大会常务委员会第五次会议通过，1998年9月25日云南省第九届人民代表大会常务委员会公告第5号公布

2.《云南省人民防空建设资金管理办法》，云南省人民防空办公室，2002年1月1日起施行

3.《云南省人民防空行政执法规定》，云南省人民防空办公室，2006年8月15日起施行

4.《云南省人民防空工程平战功能转换管理办法》，云南省人民防空办公室，2012年4月1日起施行

5.《关于调整我省防空地下室易地建设收费有关问题的通知》（云价综合〔2014〕42号），云南省物价局、云南省财政厅、云南省人民防空办公室，2014年3月7日起执行

6.《云南省人民防空办室关于落实人防工程平战转换有关规定的通知》（云防办工〔2017〕28号），云南省人民防空办公室，2017年8月1日起实施

新疆维吾尔自治区人防工程资料目录
（沈菲菲整理）

一、设计、政策法规

1.《新疆维吾尔自治区人民防空工程平战转换技术规定（试行）》（新人防规〔2020〕2号），新疆维吾尔自治区人民防空办公室，2021年1月1日起施行

2.《新疆维吾尔自治区人民防空工程建设行政审批管理规定（试行）》（新人防规〔2020〕1号），新疆维吾尔自治区人民防空办公室，2021年1月1日起施行

3.《新疆维吾尔自治区城市防空地下室易地建设收费办法》(新发改规〔2021〕10号),新疆维吾尔自治区发展和改革委员会、新疆维吾尔自治区财政厅、新疆维吾尔自治区住房和城乡建设厅、新疆维吾尔自治区人民防空办公室,2021年8月30日起施行

二、施工与验收

1.《新疆维吾尔自治区人民防空工程人防标牌制作悬挂技术规定》,新疆维吾尔自治区人民防空办公室,2019年5月29日发布

2.《新疆维吾尔自治区人民防空工程竣工验收备案管理规定(试行)》,新疆维吾尔自治区人民防空办公室,2019年5月29日起施行

三、维护管理

1.《新疆维吾尔自治区人民防空重点城市警报通信设施建设管理规定(试行)》(新政发〔2003〕58号),新疆维吾尔自治区人民政府、新疆军区,2003年7月25日起施行

2.《新疆维吾尔自治区人民防空警报试鸣暂行规定》(新政发〔2005〕38号),新疆维吾尔自治区人民政府,2005年6月1日起施行

3.《关于落实人防工程防化设备质量监管的通知》,新疆维吾尔自治区人民防空办公室,2017年7月1日起施行

4.《新疆维吾尔自治区人防专家库管理办法(暂行)》,新疆维吾尔自治区人民防空办公室,2019年5月29日起施行

5.《新疆维吾尔自治区人民防空工程质量监督管理规定(试行)》(新人防规〔2020〕5号),新疆维吾尔自治区人民防空办公室,2021年1月1日起施行

四、其他

1.《新疆维吾尔自治区"人防工程 遗留问题"处理程序的意见》,新疆维吾尔自治区人民防空办公室,2017年3月13日起施行

2.《自治区人民防空办公室"双随机一公开"工作实施细则(试行)》,新疆维吾尔自治区人民防空办公室,2018年11月5日起施行

3.《关于自治区房屋建筑和市政基础设施工程施工图审查机构开展人防工程施工图审查有关问题的通知》,新疆维吾尔自治区人民防空办公室、新疆维吾尔自治区住房和城乡建设厅,2019年12月5日起施行

吉林省人防工程资料目录
(刘健新整理)

1.《吉林省人民防空地下室防护(化)功能平战转换技术规程》,吉林省人民防空办公室,2016年10月20日起实施

2.《吉林省玄武岩纤维防护设备选用图集》RFJ 01—2017(吉防办发〔2017〕92号),吉林省人民防空办公室,2017年6月12日起实施

3.《吉林省人防工程质量检测管理办法》，吉林省人民防空办公室，2017 年 8 月 11 日起实施

4.《吉林省附建式地下空间开发利用兼顾人防要求工程设计导则》，吉林省人民防空办公室，2018 年 6 月起实施

陕西省人防工程资料目录

（韩刚刚整理）

一、设计

（一）标准规范

1.《早期人民防空工程分类鉴定规程》DB 61/T 1019—2016

2.《城市地下空间兼顾人民防空工程设计规范》DB 61/T 1229—2019

3.《人民防空工程标识标准》DB 61/T 5006—2021

4.《人民防空工程防护设备安装技术规程 第一部分：人防门》DB 61/T 1230—2019

（二）政策法规

1.《陕西省实施〈中华人民共和国人民防空法〉办法》，1998 年 6 月 26 日陕西省第九届人民代表大会常务委员会第三次会议通过，2002 年 3 月 28 日第一次修正，2003 年 11 月 29 日第二次修正

2.《关于人防工程易地建设费收费标准的补充通知》（陕价费调发〔2004〕19 号），陕西省物价局财政厅，2004 年 6 月 16 日起实施

3.《关于重新核定人防工程易地建设费收费标准的通知》（陕价费调发〔2004〕12 号），陕西省物价局价格监测监督处，2004 年 12 月 21 日起实施

4.《陕西省人民防空办公室关于明确新建民用建筑修建防空地下室范围的通知》（陕人防发〔2021〕95 号），陕西省人民防空办公室，2022 年 1 月 1 日起实施

5.《陕西省人民防空办公室关于规范防空地下室易地建设费执行减免政策的通知》（陕人防发〔2020〕126 号），陕西省人民防空办公室，2020 年 11 月 9 日起实施

二、施工与验收

《陕西省开展房屋建筑和市政基础设施工程建设项目竣工联合竣工验收的实施方案（试行）》（陕建发〔2018〕400 号），陕西省住房和城乡建设厅、陕西省发展和改革委员会、陕西省国家安全厅、陕西省自然资源厅、陕西省广播电视局、陕西省人民防空办公室，2018 年 11 月 26 日发布

三、产品

1.《关于公示人防工程防护设备定点生产和安装企业目录的通告》，陕西省人民防空办公室，2021 年 11 月 4 日发布

2.《陕西省人防专用设备生产安装企业、检测机构质量行为监督管理措施》，陕西省人民防空办公室，2021 年 9 月 16 日发布

3.《关于人防工程防护设备定点生产和安装企业入陕登记的通告》，陕西省人民防空办公室，2021年9月22日发布

四、造价定额

《陕西省人防工程标准定额站关于发布2014年陕西省人防工程防护设备质量检测信息价的通知》（陕防定字〔2014〕05号），陕西省人民防空工程标准定额站，2014年10月25日起实施

五、维护管理

《陕西省人防平战结合工程防火安全管理规定》，陕西省人民防空办公室，2016年3月22日发布

六、其他

《关于认定施工图综合审查机构的通知》（陕建发〔2018〕242号），陕西省住房和城乡建设厅、陕西省公安消防总队、陕西省人民防空办公室，2018年8月10日起实施

甘肃省人防工程资料目录
（王辉平整理）

1.《甘肃省物价局 甘肃省财政厅 甘肃省人防办 甘肃省建设厅关于〈甘肃省防空地下室易地建设费收费实施办法〉的补充通知》（甘价服〔2004〕第181号），甘肃省人民防空办公室，2004年6月28日起实施

2.《对人防工程防护设备定点生产企业管理规定的解读》，甘肃省人民防空办公室，2012年1月17日发布

3.《甘肃省人民防空行政处罚自由裁量权实施标准》（甘人防办发〔2015〕208号），甘肃省人民防空办公室，2015年12月4日起实施

4.《甘肃省人民防空工程平战结合管理规定》，甘肃省人民防空办公室，2020年1月10日发布施行

5.《甘肃省人民防空办公室关于进一步加强人防工程建设与管理的规定》（甘人防办发〔2020〕69号），甘肃省人民防空办公室，2020年10月1日起实施

6.关于修订印发《甘肃省人防工程监理行政许可资质管理办法》的通知（甘人防办发〔2020〕93号），甘肃省人民防空办公室，2020年11月11日发布

广东省人防工程资料目录
（胡明智整理）

1.《广东省实施〈中华人民共和国人民防空法〉办法》，1998年7月29日广东省第九届人民代表大会常务委员会公告第12号公布，1998年8月13日起施行，2010年7月23日修正

2.《广东省人民防空警报通信建设与管理规定》(粤府令第 82 号),广东省人民政府,2003 年 10 月 1 日起施行

3.《高校学生公寓和教师住宅建设项目缴纳人防工程建设费问题》(粤人防〔2004〕73 号),广东省人民防空办公室,2004 年 4 月 5 日

4.《关于明确新建民用建筑修建防空地下室标准的通知》(粤人防〔2010〕23 号),广东省人民防空办公室、广东省发展和改革委员会、广东省物价局、广东省财政厅、广东省住房和城乡建设厅,2010 年 1 月 26 日起实施

5.《关于开展人防工程挂牌管理工作的通知》(粤人防〔2010〕289 号),广东省人民防空办公室

6.《广东省人防工程防洪涝技术标准》(粤人防〔2010〕290 号),广东省人民防空办公室,2010 年 11 月 10 日起实施

7.《关于加强人防工程施工管理的意见》(粤人防〔2012〕105 号),广东省人民防空办公室

8.《广州市人民防空管理规定》,2013 年 8 月 28 日广州市第十四届人民代表大会常务委员会第二十次会议通过,2013 年 11 月 21 日广东省第十二届人民代表大会常务委员会第五次会议批准,2014 年 2 月 1 日起施行

9.《转发国家发改委等四部门关于防空地下室易地建设收费有关问题的通知》(粤人防〔2017〕117 号),广东省人民防空办公室,2017 年 6 月 2 日发布

10.《广东省单建式人防工程平时使用安全管理规定》的通知(粤人防〔2017〕177 号),广东省人民防空办公室,2017 年 8 月 4 日发布

11.《广东省人民防空办公室关于加强人防工程监理监督管理工作的意见》,广东省人民防空办公室,2018 年 3 月 3 日起实施

12.《广东省人防工程维护管理暂行规定》,广东省人民防空办公室,2018 年 10 月 10 日

13.《关于规范结建式人防工程质量安全监督竣工验收备案工作的通知》(粤建质函〔2019〕1255 号),广东省住房和城乡建设厅,2019 年 12 月 2 日发布

14.《广东省人民防空办公室关于人民防空系统行政处罚自由裁量权实施办法》(粤人防〔2017〕127 号),广东省人民防空办公室,2020 年 2 月 26 日起实施

15.《广东省人民防空办公室关于征求规范城市新建民用建筑修建防空地下室意见的公告》(粤人防办〔2020〕72 号),广东省人民防空办公室,2020 年 6 月 19 日发布

16.《关于征求结建式人防工程质量监督工作指引(征求意见稿)意见的公告》(粤建公告〔2020〕62 号),广东省住房和城乡建设厅,2020 年 9 月 27 日发布

17.关于印发《结建式人防工程质量监督工作指引》的通知(粤建质〔2021〕146 号),广东省住房和城乡建设厅,广东省人民防空办公室,2021 年 9 月 14 日发布

美国防护工程设计标准等资料目录
（陈雷整理）

1.《防核武器设施设计：设施系统工程》（Designing facilities to resist nuclear weapon effects: facilities system engineering），TM 5-858-1，美国陆军部，1983 年 10 月公开

2.《防核武器设施设计：武器效应》（Designing facilities to resist nuclear weapon effects: weapon effects），TM 5-858-2，美国陆军部，1984 年 7 月 6 日公开

3.《防核武器设施设计：结构》（Designing facilities to resist nuclear weapon effects: structures），TM 5-858-3，美国陆军部，1984 年 7 月 6 日公开

4.《防核武器设施设计：隔震系统》（Designing facilities to resist nuclear weapon effects: shock isolation systems），TM 5-858-4，美国陆军部，1984 年 6 月 11 日公开

5.《防核武器设施设计：通风防护，加固，穿透防护，液压波防护设备，电磁脉冲防护设备》（Designing facilities to resist nuclear weapon effects: air entrainment, fasteners, penetration protection, hydraulic-surge protective devices, EMP protective devices），TM 5-858-5，美国陆军部，1983 年 12 月 15 日公开（EMP，the electromagnetic pulse 的简写）

6.《防核武器设施设计：硬度验证》（Designing facilities to resist nuclear weapon effects: hardness verification），TM 5-858-6，美国陆军部，1984 年 8 月 31 日公开

7.《防核武器设施设计：设施支持系统》（Designing facilities to resist nuclear weapon effects: facility support systems），TM 5-858-7，美国陆军部，1983 年 10 月 15 日公开

8.《防核武器设施设计：说明性示例》（Designing facilities to resist nuclear weapon effects: illustrative examples），TM 5-858-8，美国陆军部，1985 年 8 月 14 日公开

9.《设施系统工程：防核武器设施设计》（Facilities system engineering: designing facilities to resist nuclear weapon effects），UFC 3-350-10AN，美国国防部，2009 年 4 月 8 日修订，取代：TM 5-858-1

10.《武器效应：防核武器设施设计》（Weapons effects: designing facilities to resist nuclear weapon effects），UFC 3-350-03AN，美国国防部，2009 年 4 月 8 日修订，取代：TM 5-858-2

11.《结构：防核武器设施设计》（Structures: designing facilities to resist nuclear weapon effects），UFC 3-350-04AN，美国国防部，2009 年 4 月 8 日修订，取代：TM 5-858-3

12.《隔震系统：防核武器设施设计》（Shock isolation systems: designing facilities to resist nuclear weapon effects），UFC 3-350-05AN，美国国防部，2009 年 4 月 8 日修订，取代：TM 5-858-4

13.《通风防护，加固，穿透防护，液压波防护设备，电磁脉冲防护设备：

防核武器设施设计》（Air entrainment, fasteners, penetration protection, hydraulic-surge protection devices, and EMP protective devices: designing facilities to resist nuclear weapon effects），UFC 3-350-06AN，美国国防部，2009年4月8日修订，取代TM 5-858-5

14.《硬度验证：防核武器设施设计》（Hardness verification: designing facilities to resist nuclear weapon effects），UFC 3-350-07AN，美国国防部，2009年4月8日修订，取代：TM 5-858-6

15.《设施支持系统：防核武器设施设计》（Facility support systems: Designing facilities to resist nuclear weapon effects），UFC 3-350-08AN，美国国防部，2009年4月8日修订，取代：TM 5-858-7

16.《说明性示例：防核武器设施设计》（Illustrative examples: designing facilities to resist nuclear weapon effects），UFC 3-350-09AN，美国国防部，2009年4月8日修订，取代：TM 5-858-8

17.《促进核设施退役的总体设计标准》（General design criteria to facilitate the decommissioning of nuclear facilities），TM 5-801-10，美国陆军部，1992年4月3日公开

18.《防常规武器防护工程设计与分析》（Design and analysis of hardened structures to conventional weapons effects），UFC 3-340-01，美国国防部，2002年6月30日公开

19.《防护工程供热、通风与空调设施标准》（Heating, ventilating and air conditioning of hardened installations）UFC3-410-03FA，美国国防部，1986年11月29日编制，2007年12月公开

参考文献

[1] 中国人民解放军总参谋部兵种部防化编研室编. 核化生防护大辞典 [M]. 上海：上海辞书出版社，2000.

[2] 瓦迪斯瓦夫·扬·科瓦尔斯基著. 免疫建筑综合技术 [M]. 蔡浩等译. 北京：中国建筑工业出版社，2005.

[3] 许钟麟. 空气洁净技术原理（第四版）[M]. 北京：科学出版社，2014.

[4] 中国建筑设计研究院. GB 50038—2005 人民防空地下室设计规范 [S].

[5] 孙一坚. 工业通风（第四版修订本）[M]. 北京：中国建筑工业出版社，2014.

[6] 郭春信，王晋生. 人民防空工程暖通空调设计百问百答 [M]. 北京：中国建筑工业出版社，2022.

[7] 郭春信，王晋生. 人民防空工程通风空调与防化监测设计及实例 [M]. 北京：中国建筑工业出版社，2022.

[8] 人民防空工程防化规范编写组. 人民防空工程防化规范说明. 1984.9. 注：此为内部资料，没有公开出版，是打印本。